GENIALE ERFINDUNGEN

GENIALE ERFINDUNGEN

GEWÖHNLICHER GEGENSTÄNDE

EDITIONNOVA.

Hinweis
Sämtliche Informationen und Hinweise dieses Buches wurden von der Autorin nach bestem Kenntnisstand und Wissen erarbeitet und von ihr und dem Verlag mit größtmöglicher Sorgfalt überprüft. Unter Berücksichtigung des Produkthaftungsrechts müssen wir allerdings darauf aufmerksam machen, dass inhaltliche Fehler oder Auslassungen nicht in jeder Hinsicht auszuschließen sind. Für mögliche fehlerhafte Angaben können Autoren, Verlag und Verlagsmitarbeiter weder irgendeine Verpflichtung noch eine Haftung übernehmen.

Autorin: Paula Hardegen
Umschlaggestaltung: Beate Lennartz
Abbildungen Umschlag, S. 10, 11, 12, 34, 53, 117, 121, 164, 186: fotolia
Layout und Satz: ce redaktionsbüro für digitales publizieren, Heinsberg

Printed in Germany

ISBN 978-3-940487-52-0

VORWORT

Es begann beim Essen eines Nudelgerichtes in einem koreanischen Restaurant. Irgendwann fiel der Satz »die Nudel gehört doch zu den großen Erfindungen der Menschheit«, und bei dem folgenden Tischgespräch wurde die These aufgestellt, dass die einfachen Dinge häufig die genialsten sind. Dann kamen Fragen auf wie: Woher stammt eigentlich die Nudel? Stimmt es, dass die NASA den Klettverschluss erfunden hat? Wer ist eigentlich auf die Idee mit dem A4-Format gekommen? Und verschmitzt wurde auch vermutet, dass der Erfinder des Schnellkochtopfs Garibaldi hieß.

Solchen Fragen lohnt es sich nachzugehen, und bald war die Idee zu einem Buch geboren, das den genialen Erfindungen gewöhnlicher Gegenstände nachspürt.

Die Recherchearbeiten zu den Texten waren äußerst interessant, und es stellten sich überraschende Erkenntnisse ein: Einfache Dinge sind manchmal ganz schön raffiniert – die Schokolade, der Teebeutel und das Klopapier sind heute wahre High-Tech-Produkte und nur durch eine langjährige Entwicklung aufwendiger Herstellungsverfahren zu dem geworden, was sie sind. Auch stecken viele interessante und kuriose Geschichten hinter den in diesem Buch beschriebenen Gegenständen. Und als Protagonisten treten immer wieder die Erfinder auf: Der Familienvater, der Frau und Kind vor Unheil bewahren möchte; die Erfinderin mit Sinn für das Alltagsproblem; der Forscher, der etwas ganz anderes erfindet als geplant.

Folgen Sie uns also in die aufregende Welt der ganz alltäglichen Dinge: Sie werden den Treteimer und den Haftnotizzettel, die Zahnpasta und die Kreditkarte mit anderen Augen betrachten.

INHALT

ARBEIT UND BÜRO 12

Binder-Clip 13 • Bleistift 15 • Büroklammer 17 • DIN-Papierformat 18 • Filzstift 20 • Füllfederhalter 21 • Haftnotizzettel 23 • Heftklammer 25 • Kugelschreiber 26 • Papier 28 • Radiergummi 30 • Recyclingpapier 32 • Tipp-Ex 33

ESSEN UND TRINKEN 34

Brühwürfel 35 • Gummibär 36 • Kaffee 37 • Kaugummi 39 • Pulverkaffee 40 • Nudel 41 • Pizza 43 • Pommes frites 44 • Schokolade 45 • Speiseeis 47 • Tee 49 • Zucker 51

HAUSHALT UND WOHNEN 53

Aluminiumfolie 54 • Bläschenfolie 55 • Bügeleisen 56 • Dosenöffner 58 • Dübel 59 • Eierkarton 60 • Espressokanne 61 • Feuerfestes Glas 63 • Feuerzeug 64 • Frischhaltefolie 66 • Getränkekarton 67 • Gummiband 68 • Isolierkanne 69 • Kaffeefilter 71 • Klebeband 72 • Konservendose 74 • Korken und Korkenzieher 76 • Kronkorken 78 • Matratze 79 • Mausefalle 81 •

Papiertüte 82 • Pfeffermühle 84 • Plastiktüte 86 • Pümpel 88 • Salatschleuder 89 • Schere 90 • Schneebesen 92 • Schnellkochtopf 93 • Schraube und Schraubenzieher 95 • Spiegel 97 • Streichholz 99 • Teebeutel 101 • Teflon 103 • Thermometer 104 • Tiefkühlkost 106 • Tretmülleimer 108 • Tupperware 110 • Wäscheklammer 112 • Wasserkessel 113 • Weckglas 115

KLEIDUNG, GESUNDHEIT UND HYGIENE 117

Brille 118 • Büstenhalter 120 • Deodorant 122 • Heftpflaster 123 • Hose 124 • Kleiderbügel 126 • Klettverschluss 127 • Kondom 128 • Kontaktlinse 130 • Lippenstift 132 • Nylonstrumpf 134 • Papiertaschentuch 136 • Rasierer 138 • Reissverschluss 140 • Schwamm 142 • Seife 143 • Shampoo 144 • Sicherheitsnadel 146 • Sonnenbrille 147 • Spritze 148 • Tampon und Damenbinde 149 • Toilette 151 • Toilettenpapier 153 • Unterhose 155 • Vaseline 157 • Wärmflasche 158 • Wattestäbchen 159 • Zahnbürste 160 • Zahnpasta 162

FREIZEIT UND GESELLSCHAFT 164

Ausweis 165 • Briefmarke 167 • Ehering 169 • Fächer 170 • Katzenauge 171 • Kreditkarte 172 • Kreuzworträtsel 174 • Legosteine 175 • Regenschirm 176 • Rollschuh 178 • Schlafsack 180 • Schlittschuh 182 • Spielkarten 184 • Stacheldraht 186 • Taschenmesser 187 • Verkehrsschild 188 • Zigarette 189

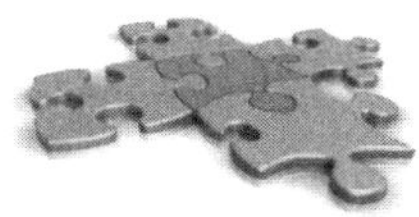

ARBEIT
UND
BÜRO

DER BINDER-CLIP

Nach dem Namen für diese nützliche Klammer sucht man häufig vergeblich. Sie wird häufig als Foldback-Klammer, -Klemme oder -Clip angeboten, oft aber auch unter der amerikanischen Orginalbezeichnung Binder Clip, im deutschen Sprachraum wahlweise mit oder ohne Bindestrich.

Erfunden wurde der Binder-Clip 1911 von dem Amerikaner Louis E. Baltzley (1895–1946). Diesem war aufgefallen, wie viel Mühe es seinen Vater, den Erfinder und Autor Edwin Baltzley, kostete, die für seine Arbeit erforderlichen Papierstapel zusammenzuhalten – damals lochte man die Blätter und »nähte« sie zusammen. Ein einzelnes Blatt konnte nur mit großem Aufwand oder durch Ausreißen entfernt werden, und neue Blätter ließen sich nur schwer einfügen. Und eine Büroklammer zähmt nur wenige Blätter.

Baltzley erfand im Alter von nur 16 Jahren eine Klemme aus einem kurzen Streifen Edelstahl, der zu einem oben offenen Dreieck gebogen ist. Die oberen Kanten des Stahlstreifens werden um die Enden zweier langer Stahlösen geführt, deren Zusammendrücken die Klemme öffnet. Sie schließt sich dann wieder fest zusammen und entfaltet eine beachtliche Haltekraft, sodass der Binder-Clip für das Bändigen auch größerer Papiermengen gute Dienste leistet. Die Stahlösen können zugleich als Aufhänger dienen, sie können nach vorne gefaltet werden, um die Klemme noch etwas zu verlängern, und man kann sie, wenn eine permanente Klemmlösung erwünscht ist, auch entfernen.

Die ersten Binder-Clips wurden in Washington, dem Wohnort Baltzleys, produziert. 1915 ließ Baltzley seine Erfindung als Patent eintragen. Heute sind die häufig in Fernost hergestellten Clips im Sortiment fast jeden Büroartikelanbieters zu finden. Je nach Größe und Umfang desjenigen, das eines Zusammenhalts bedarf, werden Binder-Clips in unterschiedlichen Breiten (von 9 Millimetern bis zu 5 Zentimetern) und Dicken angeboten – so macht sich von bis zu 200 Blatt Papier kein einziges selbstständig. Der Standard-Clip ist schwarz lackiert und hat verchromte Stahlösen, doch bietet der Handel inzwischen Lackierungen in mehreren Farben sowie solche aus gold- oder silberfarbenem Metall an. Es existieren sogar Clips mit Mustern und Bildchen, über die der Designpurist jedoch die Nase rümpft.

Hat man erst einen Vorrat an Binder-Clips angelegt, entwickelt sich die kleine, schlichte, aber doch formschöne Klemme – gerade dadurch, dass in ihr Klemmen und Aufhängen eine ideale Verbindung eingehen – zu einem wahrlichen Vielzweck-Instrument. Neben seiner Anwendung als Büroartikel (wo er nicht nur als Klammer, sondern auch zum Beispiel als Lesezeichen oder dazu dient, das Computerkabel-Chaos hinter dem Schreibtisch zu bändigen) ersetzt der Binder-Clip zahlreiche andere Klemm- und Hängevorrichtungen im Haushalt. Ob es um offene Lebensmitteltüten oder abgerissene Handtuchaufhänger (die wieder anzunähen viel zu mühsam wäre ...) geht: Der Binder-Clip ist um einiges zuverlässiger als so manch andere Klammern und Aufhänger.

Und in Verbindung mit einer kleinen Zip-Lock-Plastiktüte ist schnell ein Behältnis für den iPod gebastelt, das an der Kleidung befestigt werden kann. Im Internet findet sich eine Anzahl von Webseiten, die sich mit den mannigfaltigen Anwendungsmöglichkeiten des Binder-Clips beschäftigen – ein Büroartikel, der im Begriff ist, Kultstatus zu erlangen.

DER BLEISTIFT

Ein Bleistift enthält schon lange kein Blei mehr, doch war dies einmal der Fall. In der Antike füllten die Ägypter Schilf- oder Papyrusrohre mit diesem Metall, das sich leicht abreibt und deshalb auf dem zu beschreibenden Material Spuren hinterlässt. Auch der *stylus* der Römer war aus Blei, und so blieb es auch in den folgenden Jahrhunderten. Doch war die Verwendung von Blei mit Nachteilen verbunden: Im Grunde ist das Metall zum Zeichnen und Schreiben zu hart, und somit war Blei nur für eigens vorbereitetes Papier geeignet. Die Bezeichnung »Reißblei« und der Begriff »Riss« für eine Zeichnung tragen dieser Tatsache Rechnung. Zwar wurden seit dem 12. Jahrhundert Bleilegierungen verwendet, doch alles in allem war der Bleistift reformbedürftig – zumal der Kontakt mit Blei alles andere als gesund ist.

Im keltischen Raum war schon zu antiker Zeit bekannt, dass sich Graphit als Färbemittel eignet, doch war dies in Vergessenheit geraten. Ein Meilenstein für die Entwicklung eines (im Gegensatz zur Tinte) stets einsatzbereiten Schreibgerätes war deshalb im 16. Jahrhundert die Entdeckung eines Graphitvorkommens im nordenglischen Borrowdale (ein Tal des heutigen Lake District). Angeblich erkannten Schäfer zuerst, dass sich das Graphit hervorragend zum Kennzeichnen ihrer Schafe eignete. Bald entwickelte sich eine Heimwerkerindustrie und aus dieser 1832 die erste englische Bleistiftfabrik. Schon Ende des 16. Jahrhunderts schrieb man nicht allein in England mit holzummantelten Graphitstäben aus Borrowdale.

Aus der Tatsache, dass man das Material damals als ein Bleierz ansah, leitet sich die deutsche Bezeichnung Bleistift her. Erst der Chemiker Carl Wilhelm Scheele wies im 18. Jahrhundert nach, dass es sich um einen Kohlenstoff handelte, dem er (nach dem griechischen Wort für schreiben, *graphein*) den Namen Graphit gab.

England hatte lange Zeit die Monopolstellung auf dem Bleistiftmarkt inne, galt doch nur der Graphit aus Borrowdale als rein genug. Da dieser (aus dem auch militärisch nutzbare Dinge wie Kanonenkugeln hergestellt wurden) jedoch in nur unzureichender Menge exportiert wurde, gab es Ende des 18. Jahrhunderts Versuche, auch aus weniger reinem Graphit »Bleistifte« herzustellen. Dies gelang 1790 in Wien, wo Joseph Hardmuth Graphitstaub mit Wasser und Ton vermischte und zu Stiften unterschiedlicher Härtegrade brannte – welche sowohl von der Brenntemperatur und -dauer als auch vom Graphit-Ton-Verhältnis abhängen: Je höher der Graphitanteil, desto weicher der Bleistift. Hardmuth gründete die Bleistiftfirma Koh-I-Noor. 1795 entdeckte auch der Franzose Nicolas-Jacques Conté, dass das unreine Graphit deutscher und österreichischer Minen pulverisiert und geschlämmt werden konnte. Auch er entwickelte, unabhängig von Hardmuth, verschiedene Härtegrade. So waren die Grundlagen zur Gründung der noch heute bekannten Nürnberger Bleistiftfabriken Faber-Castell, Lyra, Schwan-Stabilo und Staedler gegeben.

Attraktiv sind Blei- oder Graphitstifte deshalb, weil sie leicht zu handhaben sind, radiert werden können und mit ihren Härtegraden vielen künstlerischen und alltäglichen Ansprüchen gerecht werden. Heute stammt Bleistift-Graphit zumeist aus asiatischen Minen, als Holz dient häufig Zeder oder Pinie, das namhafte Hersteller auf Plantagen anbauen lassen.

DIE BÜROKLAMMER

Es finden sich Hinweise darauf, dass das Prinzip der Büroklammer von den Sumerern erfunden wurde – doch schlug die eigentliche Geburtsstunde dieser nützlichen Klammer Ende des 19. Jahrhunderts. Damals waren mit der Entwicklung elastischen Stahldrahtes und den Fortschritten der Massenproduktion die Voraussetzungen für die Büroklammer gegeben. Zudem hatte die Papierflut ständig zugenommen, und die Techniken, Papiere zusammenzubinden oder durch Heftklammern oder schmerzhaft spitze Nadeln zu vereinen, ließen zu wünschen übrig.

Häufig wird die Erfindung der Büroklammer dem Norweger Johan Vaaler zugeschrieben, der sich 1899 ein deutsches und 1901 ein amerikanisches Patent für eine rechteckige Büroklammer erteilen ließ. Doch wurden schon seit 1890 in England Büroklammern von der Gem Manufacturing Company hergestellt. Die Norweger trugen jedoch während der deutschen Besatzungszeit Büroklammern an ihrer Kleidung, bis ihnen die Nazis dies untersagten: Hiermit demonstrierten sie ihre Treue zum norwegischen König, und zugleich war die Büroklammer ein Symbol des nationalen Zusammenhalts gegen die feindliche Besatzungsmacht.

In der Frühzeit der Büroklammer ersann man für sie zahlreiche Formen – die noch heute zu finden sind. Durchgesetzt hat sich schon früh der sogenannte Gem-Paperclip, in dem der Draht der Klammer zu einem langen Rechteck mit gerundeten Schmalseiten gebogen ist. Die heute nicht nur in Deutschland verwendete Form mit einer spitzen Schmalseite geht auf den österreichischen Fabrikanten Heinrich Sachs und das Jahr 1919 zurück. Andere Länder bevorzugen andere Büroklammertypen: Die runde Klammer ist zum Beispiel in Italien und Japan gebräuchlich.

DAS DIN-PAPIERFORMAT

Warum ist das Papier, das wir im Schreibwarengeschäft oder anderswo kaufen, immer in den gleichen Größen erhältlich? Und wer hat diese Größen festgelegt?

Das DIN-Papierformat ist eine relativ späte Maßeinheit, die erst im Jahr 1922 vom Normenausschuss der deutschen Industrie, dem späteren Deutschen Institut für Normung (DIN), festgelegt wurde. Ein einheitliches Papierformat war mit der Entstehung zahlreicher neuer Unternehmen, Büros und Archive im 19. Jahrhundert ein immer wichtigeres Anliegen geworden.

Vater der in der Norm DIN 476 festgelegten Standardformate für Papier war der Mathematiker und Normtheoretiker Walter Porstmann, der 1914–1920 Assistent des Chemie-Nobelpreisträgers Wilhelm Ostwald gewesen war. Der philosophisch sehr interessierte Ostwald war Vorsitzender der Vereinigung »Brücke – Institut für Organisation der geistigen Arbeit«, die es sich unter anderem zum Ziel gemacht hatte, sämtliches Wissen zu systematisieren und zu standardisieren. In diesem Zusammenhang hatte er bereit 1911 die Papiernorm »Weltformat« entwickelt, mit dessen Hilfe sich Publikationen platzsparend in Bibliotheken aufbewahren lassen sollten. Die Unterformate des Weltformats mussten folgende sinnvolle Voraussetzungen erfüllen: Ein Format musste sich durch Halbierung oder Verdoppelung des Flächeninhalts eines anderen ergeben, und die Formate sollten sich insofern ähneln, als ihr Verhältnis von Breite zu Höhe identisch war. Ostwald errechnete, dass das Verhältnis von Breite zu Höhe eines Blatts Papier $1 : \sqrt{2}$ betragen musste (wobei hinzuzufügen ist, dass die Idee für ein teilbares Papierformat vermutlich auf den im 18. Jahrhundert lebenden deutschen Physiker und Schriftsteller Georg Christoph Lichtenberg zurückgeht).

Diesen Gedanken des Weltformats griff Porstmann 1922 auf, als er die DIN-Normen für Papier entwickelte. Während bei Ostwald die Formate jedoch auf der Maßeinheit Zentimeter basierten, legte Porstmann den Quadratmeter zugrunde (seit der Meterkonvention von 1875 hatte sich der Meter als Maßeinheit in zahlreichen Staaten, darunter auch Deutschland, durchgesetzt): Ein Blatt mit diesem Flächeninhalt und der $1:\sqrt{2}$-Ratio (mit Abrundung auf ganze Millimeter), also mit einer Breite von 841 und einer Länge von 1189 Millimetern, wurde als A0 bezeichnet. A1 ergibt sich, wenn man ein A0-Blatt halbiert, und weitere Halbierungen ergeben alle weiteren Papierformate. Ein DIN A4-Blatt ist also 210 x 297 Millimeter groß. Porstmann ergänzte die A-Formate noch um weitere Formatreihen, darunter praktischerweise auch die für Briefumschläge üblichen B-Formate, in denen sich A-Formate unterbringen lassen.

Dank der Durchorganisiertheit der Behörden wurde die neue Papiernorm – die noch heute die bekannteste Norm des Deutschen Instituts für Normung ist – in Deutschland bald flächendeckend verwendet, und sie konnte sich auch international durchsetzen. Sie liegt dem internationalen Standard DIN EN ISO 216 der International Organization for Standardization (ISO) zugrunde, der fast weltweit verwendet wird. Doch gibt es einige Länder, deren Papier nach anderen Normen zugeschnitten wird: Die Papierformate der USA, Kanada und Lateinamerika zum Beispiel basieren auf dem Zoll und sind nicht in dem Maße vereinheitlicht wie das DIN-Papierformat.

DER FILZSTIFT

Dieses praktische Schreibgerät ist eine relativ neue Erfindung: In den 1940er Jahren konstruierte Sidney Rosenthal aus dem US-Bundesstaat New York einen als Marker bezeichneten Stift, indem er einen Filzdocht auf eine Flasche wasserfester Tinte setzte. Mit diesem Stift ließen sich viele Materialien (auch Plastik und Metall) beschriften. Die von Rosenthal gegründete Firma Speedry Chemical Products produzierte ab 1952 den Magic Marker, der sich in den 1950er Jahren wachsender Beliebtheit erfreute und aufgrund seines breiten Strichs vor allem von Kindern und für Plakate und Markierungen verwendet wurde.

Doch hat die schlanke Form des Filzstiftes mit einer feinen Spitze – die wir heute ganz automatisch mit diesem Schreibgerät verbinden – ihren Ursprung in einem Land mit einer ausgeprägten kalligrafischen Tradition: Der erste funktionsfähige Stift dieses Typus wurde 1964 in Japan entwickelt. Erfinder war Yukio Horie, Eigentümer der Tokyo Stationery Company, aus der später die noch heute bekannte Firma Pentel wurde. Das Prinzip war dasselbe wie beim Marker Rosenthals, doch waren die Stifte schmaler, da sie mit tintengetränkten Kunstfaserminen im dünnen Schaft des Stiftes arbeiteten. Auch die Spitzen waren aus synthetischem Material und konnten zu unterschiedlichen Strichstärken geformt werden. Diese Filzstifte hatten gleich mehrere Vorteile: Sie waren handlich, und sie konnten vom detaillierten Zeichnen bis zum Markieren eine Vielzahl von Aufgaben erfüllen. Hinzu kam, dass die erforderlichen Materialien preiswert waren und Filzstifte nicht zuletzt deshalb in einer Vielzahl von Farben produziert wurden.

DER FÜLLFEDERHALTER

Schon seit vielen Jahrhunderten waren zurechtgeschnittene Vogelfedern, die man in Tinte tauchte, das Schreibgerät der Wahl – waren doch die Vorformen des Bleistifts vor der Entdeckung des Graphits nicht besonders praktisch und Farbkreiden nicht beständig. Allerdings sah man spätestens im 17. Jahrhundert den Gänsekiel als reformbedürftig an: Nachgewiesen ist, dass 1636 Daniel Schwentner, Mathematiker aus Altdorf, das ständige Wiedereintauchen des Schreibgeräts ins Tintenfass zu vermeiden suchte: Er schob drei Gänsekiele ineinander, die er mit Tinte füllte. Doch war dieser Entwicklung, wie auch der »Reiseschreibfeder« eines Herrn Scheller aus Leipzig Ende des 18. Jahrhunderts, kein Erfolg beschieden: Wahrscheinlich konnten sie die Tinte nicht halten.

Die Geburtsstunde des modernen Füllfederhalters schlug erst in der zweiten Hälfte des 19. Jahrhunderts. Auch zu dieser Zeit versuchte man, einen Tintenvorrat im Stift selbst zu speichern und entwickelte Füllhalter, in denen die Tinte mehr oder minder gut aus einem aufgebohrten Schaft in eine (seit dem 18. Jahrhundert gebräuchliche) Stahlfeder floss.

In den USA gab um 1880 ein Malheur des in New York tätigen Versicherungsvertreters Lewis Edson Waterman (1837–1901) den Ausschlag: Er überreichte einen Füllfederhalter einem Kunden zwecks Unterzeichnung eines Vertrags: Doch kam – typisch für die Geräte dieser Zeit – zuerst keine Tinte auf dem Papier an, dann gab es einen großen Klecks. Der Kunde war verärgert, und bevor Waterman ein neues Vertragsformular besorgt hatte, war das Geschäft geplatzt. Doch schlug der Tüftler Waterman aus diesem Unglück letztendlich Kapital: Er erkannte, dass das schreibtechnische Problem aufgrund einer Luftblase entstanden war, da der Luftdruck am Anfang des Röhrchens nicht dem an der Feder entsprach. Dieses Problem löste er, indem er hinter die Feder ein Stück Hartgummi setzte, die in den Tank ragte und durch das die Tinte mittels dreier kleiner Kapillaren fließen konnte. Diese Kapillaren dienten zugleich dazu, den Luftdruck zwischen Tank und Feder auszugleichen. An diesem Prinzip feilte Waterman herum, bis er 1883 das US-Patent auf den Füllfederhalter anmelden konnte. Nach gewissen Anfangsschwierigkeiten eroberten Waterman-Füller den amerikanischen Markt, und ab etwa 1900 waren sie auch in Europa verbreitet.

Ähnliche Entwicklungen des Füllfederhalters gab es auch in Europa: In Deutschland produzierte der Bonner Fabrikant Friedrich Soennecken (1848–1919) seit 1871 in seiner Schreibwarenfabrik Füllfederhalter. Seine Füller zeichneten sich durch die von Soennecken entwickelte Gleichzugfeder mit kleinem Kugelkopf aus, die das »runde« Schreiben erleichterte. 1883 wurde die später in Deutschland führende Heidelberger Federhalterfabrik gegründet, die sich später in Kaweco umbenannte und deren Füllfederhalter – wie auch die der Firma Waterman – noch heute zu den Klassikern gehören.

Die Erfindung des Füllfederhalters kann für die Entstehung des modernen Büros gar nicht überbewertet werden, war er doch lange vor Kugelschreiber und Filzstift das erste praktikable Schreibgerät, das, durch den nun möglichen Verzicht auf Tintenfass und Löschsand, immer und überall zum Einsatz kommen konnte und dessen Spuren – im Gegensatz zu denen des Bleistifts – permanent waren.

DER HAFTNOTIZZETTEL

Es begann 1968: Spencer Silver von der amerikanischen Firma 3M hatte den Auftrag erhalten, einen besonders starken Klebstoff zu entwickeln – ihm gelang jedoch genau das Gegenteil: Das Resultat war ein klebriger Stoff aus kleinen Acrylpartikeln, der gerade einmal stark genug war, Papier an einer Oberfläche festzuhalten. Das Papier ließ sich auch wieder ablösen, ohne dass der Klebstoff an ihm haften blieb. Silver schwante, dass dieser neue Klebstoff zu irgendetwas gut sein musste – doch zu was? Er strich ihn auf Pinnwände, die er auf Schulungen seiner Firma einsetzte und auf denen sich das Papier ohne Nadeln oder Reißzwecken viele Male befestigen und wieder ablösen ließ.

Die Marketingabteilung der Firma war nicht der Ansicht, dass sich diese Idee kommerziell verwerten ließe – doch lernte ein junger 3M-Produktentwickler namens Art Fry den Klebstoff während einer Schulung kennen, und 1974 kam ihm in der Kirche während einer Predigt eine Idee: Er sang im Kirchenchor und ärgerte sich darüber, dass aus seinen Notenbüchern ständig die Lesezeichen herausfielen. Fry bestrich Papierstücke zur Hälfte mit dem Klebstoff Silvers und schuf so ein Lesezeichen, das nach Belieben entfernt werden konnte, sich aber nicht selbstständig machte. Er gab seinen Post-it-Prototypen auch an Kollegen der Firma 3M weiter – zur allgemeinen Begeisterung. Wieder einmal zögerte die Marketingabteilung: Warum sollte die Kundschaft klebende Lesezeichen kaufen, wo Zettel aus Altpapier doch umsonst waren? Doch da die Belegschaft von den Klebezetteln nicht genug bekommen konnte, wurden auf Betreiben von Mitgliedern der Geschäftsleitung 1977 die ersten kanariengelben Post-it-Zettel produziert und auf den Markt gebracht.

Interessanterweise war der Absatz zuerst nur gering, doch nachdem 3M im großen Stil kostenlose Produktproben verteilt hatte, stiegen die Verkaufszahlen rasant an. 1980 waren Post-it-Notes überall in den USA erhältlich, und schon bald erkannten Büroangestellte und Angehörige zahlreicher anderer Berufe in aller Welt, wie sehr Haftnotizzettel das Leben erleichtern. Sie halten Informationen dort fest, wo sie wirklich gebraucht werden, in Manuskripten und Büchern, auf Computerbildschirmen etc. Bis 1990 wurden Post-its ausschließlich von der Firma 3M hergestellt. In diesem Jahr lief der Patentschutz aus, und heute produzieren auch zahlreiche andere Firmen in den USA und anderswo die unentbehrlichen Klebezettel. Sie werden zumeist mit dem Markennamen Post-it bezeichnet, im deutschen Sprachraum häufig jedoch als Haftnotizzettel oder liebevoll als Klebchen oder Papperl. Inzwischen gibt es sie in den unterschiedlichsten Farben und Formen – der »Klassiker« ist jedoch noch immer kanariengelb. 1998 ergab eine Umfrage des US-Meinungsforschungsinstituts Gallup, dass jeder Angestellte pro Tag elf Nachrichten auf Post-it-Notes erhielt.

Post-it-Notes haben Kultstatus erlangt: Zahlreiche Künstler schaffen Kunstwerke mit oder auf ihnen. Das wohl teuerste Post-it der Welt wurde von dem Künstler R. B. Kitaj bemalt und im Jahr 2000 für 640 britische Pfund verkauft.

DIE HEFTKLAMMER

Die Heftklammer hält mehrere Blatt Papier zusammen, indem ein gebogenes Drahtstück mittels eines Heftgeräts (dem Hefter oder Tacker) durch die Blätter gestoßen und unter diesen umgebogen

wird. Die Blätter werden dadurch zwar fester miteinander verbunden als mit einer Büroklammer, doch sind Heftklammern auch wesentlich schwieriger zu entfernen.

Das erste Heftgerät mit den dazugehörigen Klammern wurde angeblich für Ludwig XV. (reg. 1715–1774) von Frankreich erfunden. Es löste die Bänder ab, die, häufig in Kombination mit Wachs, die Einzelblätter von Dokumenten verbunden hatten. Berichten zufolge waren diese Klammern aus Gold und mit Edelsteinen besetzt.

Ganz so vornehm sind die modernen Heftklammern, die mit der Entstehung des modernen Büros aufkamen, nicht mehr. Ab den 1840er Jahren suchte man nach neuen Methoden, Hefte und Bücher zu »binden«, und es sind mehrere Versuche überliefert, dies mit Draht zu bewerkstelligen. 1841 wurde dem Amerikaner Sam Slocum ein Patent für ein Gerät erteilt, das Papier durch Nadeln zusammenheftete; 1866 erhielt die Novelty Manufacturing Company ein Patent für eine Buch-Heftklammer. Der eigentliche Vorläufer für den heutigen Büroartikel ist jedoch die im selben Jahr patentierte Heftklammer George W. McGills, der im Jahr darauf auch das Patent für eine Heftklammer-»Presse« erhielt. Die McGill Fastener Press stieß die Löcher in das Papier, durch die die Klammern per Hand eingeführt wurden. Die erste Maschine, die Klammern selbst in das Papier trieb und direkt danach umbog, stammt von Henry R. Heyl aus Philadelphia und wurde 1877 patentiert.

DER KUGELSCHREIBER

Der Kugelschreiber hat den Füllfederhalter als Schreibwerkzeug der Wahl längst ersetzt und ist für die meisten Zwecke »gesellschaftsfähig« geworden – nur für die Unterzeichung wichtiger Verträge bevorzugt man allgemein den Füller. Aufgrund der in jede Richtung beweglichen Kugel, welche die Kugelschreibertinte auf dem Papier verteilt, geht das Schreiben mit dem Kugelschreiber in der Regel nämlich ausgesprochen leicht von der Hand.

Apropos Kugelschreibertinte: Die ersten Kugelschreiber krankten daran, dass die Tintenzufuhr nur unzureichend funktionierte und die Tinte ständig kleckste. Bereits 1888 hatte John Loud aus Massachusetts ein US-Patent auf das von ihm erfundene Kugelschreiberprinzip erhalten – das Tintenproblem jedoch noch nicht zufriedenstellend gelöst. Zudem war die Kugel von Loud relativ groß, und der Stift eignete sich nur zum Beschriften eher grober Unterlagen. So war es dem ungarischen Journalisten László Biró (1899–1995) vergönnt, als Erfinder des modernen Kugelschreibers in die Geschichte einzugehen, und im britischen und australischen Englisch benutzt man statt *ballpoint pen* noch heute häufig das Wort *biro* für den Kugelschreiber.

Biró war im Jahr 1938 aufgefallen, dass die beim Zeitungsdruck verwendete dicke Farbe nicht verschmierte und schnell trocknete. Auch hatte ihn schon seit längerem geärgert, dass er seinen Füller ständig nachfüllen und warten musste, bis die Tinte trocken geworden war. Konnte man nicht eine andere Farbe in einem Stift mit einer kleinen Kugel verwendet? Zusammen mit seinem Bruder George, einem Chemiker, experimentierte Biró in den folgenden Jahren mit den unterschiedlichsten Tinten, bis 1943 der Kugelschreiber Patentreife erreicht hatte. Auch der Tintenzufluss war verbessert wurden: Nur wenn die Kugel durch den Schreibvorgang eingedrückt wurde, floss die Tinte durch Kapillaren auf das Papier.

Lázló und George Biró wanderten 1940 nach Argentinien aus und gründeten in Buenos Aires die Firma Biró Pens of Argentina. Den ersten Kugelschreiber boten sie unter dem noch heute in Argentinien verwendeten Namen Birome an – eine Kombination der Namen Biró und Meyne, war doch ein Freund der Brüder, Juan Jorge Meyne, an dem Unternehmen beteiligt. Bekannt wurde der neue Stift, als der britische Beamte Henry Martin die Lizenz für den britischen Markt erwarb. Martin hatte erkannt, dass die neuen Kugelschreiber – im Gegensatz zu Füllfederhaltern – auch in großer Höhe nicht auslaufen würden, und 1944 begann in Südengland die Herstellung von Kugelschreibern, die Royal-Air-Force-Piloten bei ihren Einsätzen verwendeten. Richtig in Schwung kam die Kugelschreiber-Produktion nach dem Zweiten Weltkrieg, als sowohl Biró als auch ein Unternehmer aus Chicago, Milton Reynolds, Kugelschreiber für den amerikanischen Markt produzierten. Da jedoch beide Kugelschreibertypen noch immer Probleme mit der Tintenzufuhr hatten, mussten die Firmen in den 1950er Jahren Konkurs anmelden.

Inzwischen wurde der Kugelschreiber jedoch in immer besserer Qualität von zahlreichen Unternehmen hergestellt, mit immer winzigeren Kugeln. Die ersten Wegwerfkugelschreiber produzierte ab 1953 die französische Firma Société Bic. Sie sind noch heute unter dem Namen Bic bekannt.

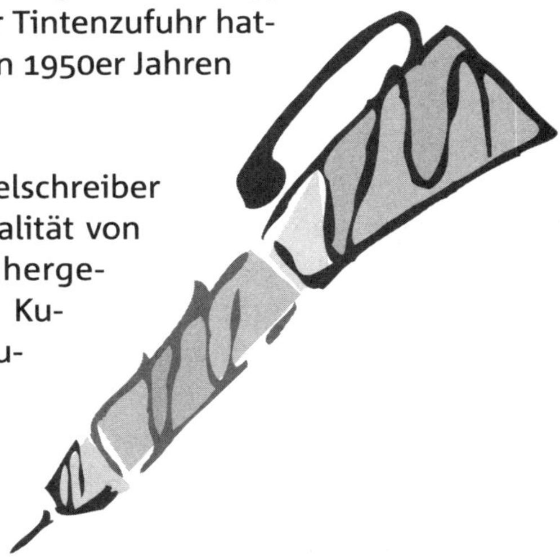

DAS PAPIER

Nachdem von Stiften die Rede war, stellt sich die Frage, woher das Papier stammt, auf dem wir tagtäglich schreiben oder drucken und mit dem wir die unterschiedlichsten Dinge transportieren, abwischen oder aufsaugen.

Ursprünglich verwendete der Mensch natürliche Materialien, die er seinen Erfordernissen anpasste, als Bild- und Schriftträger. So malten die Urzeitmenschen auf Steinwände, die Ägypter und Römer schrieben unter anderem auf Papyrus, und im Europa des Mittelalters beschrieb und bemalte man lange Zeit das aus Tierhäuten hergestellte Pergament.

Das Papier war jedoch schon viel früher erfunden worden – allerdings im von Europa weit entfernten China. Als Erfinder gilt der chinesische Ackerbauminister Tsai-Lun, doch möglicherweise war er auch nur der Erste, der etwa 105 n. Chr. das noch heute gültige Herstellungsverfahren des Papiers beschrieb. In China mischte man damals Abfälle der Seidenproduktion mit alten Lumpen und dem Bast des Maulbeerbaums, zerstampfte diese Fasern, kochte und wässerte sie. Aus dieser Masse schöpfte man mit einem Sieb einzelne Blätter eines als *chi* bezeichneten Papiers, die durch Pressen geglättet wurden. Das aufgrund des Bastes langlebige Material wurde nicht nur zum Schreiben, sondern auch für Tapeten und Kleidungsstücke verwendet. In den folgenden Jahrhunderten machte in Südostasien die Papierherstellung große Fortschritte. In einer Zeit der Kupferknappheit ließ der chinesische Kaiser Gaozong im 7. Jahrhundert erstmals Papiergeld ausgeben.

In die arabische Welt gelangte das Papier vermutlich von Südostasien aus – so ist belegt, dass im 8. Jahrhundert in Samarkand Papier aus Flachs und Hanf produziert wurde. Seit 795 gab es in

Bagdad eine Papiermühle, und 870 erschien dort das erste Buch aus Papier. Das in den intellektuellen Zentren und Kanzleien verwendete Papier wurde ständig weiterentwickelt. Unter anderem gelang es, das Papier durch Stärke zu leimen, es also mit einem glatten Überzug zu versehen. Auch wurden die Papiergrößen genormt, und es entwickelte sich die Einheit *rizma* (Bündel) für 500 Blatt. Auf dieses Wort geht der heutige Begriff Ries zurück.

Durch die Beziehungen zu Arabien gelangte das Papier wohl seit dem 12. Jahrhundert nach Europa. Im maurischen Spanien gab es nach dem Bericht Al-Idrisis im 12. Jahrhundert eine Papierindustrie, die auch ins europäische Ausland exportierte. Da sich die Schriftlichkeit zunehmend ausbreitete, wurde im europäischen Spätmittelalter immer mehr Schreibmaterial verlangt, und seit dem 14. Jahrhundert löste das Papier das Pergament ab. Im 13. Jahrhundert entstanden in Italien die ersten Papiermühlen, in Deutschland Ende des 14. Jahrhunderts. Mit der europäischen Erfindung des Buchdrucks durch Johannes Gutenberg wurde preiswerteres Papier immer weiter verbreitet, und Pergament mehr und mehr zum Luxusprodukt.

Als ab Anfang des 18. Jahrhunderts die pflanzlichen Ausgangsprodukte für das Papier knapp wurden, suchte man verstärkt nach Alternativen. 1843 entdeckte Friedrich Gottlob Keller, dass man auch aus Holzschliff ein qualitativ hochwertiges Papier herstellen konnte. Kellers Verfahren setzte sich durch, hat jedoch einen entscheidenden Nachteil: Das Papier vergilbt. Aus diesem Grund sind die frühen Holzschliff-Papiere des 19. und beginnenden 20. Jahrhunderts heute häufig vom Verfall bedroht.

DAS RADIERGUMMI

Was wäre der Bleistift ohne das Radiergummi? Zwar hat man lange an Schreibgeräten gearbeitet, die zuverlässig Farbe auf das Papier abgeben, doch andererseits ist die Möglichkeit, diese Farbe wieder zu entfernen, ein deutlicher Pluspunkt dieses Schreibwerkzeugs.

Das (oder der) Radiergummi, das möglicherweise aufgrund seines mit der Zeit unansehnlichen Zustandes auch liebevoll als Ratzefummel bezeichnet wird, besteht entweder aus Kautschuk oder Kunststoff (PVC), der so mit verschiedenen anderen Substanzen kombiniert wurde, dass er die Bleistiftstriche wieder vom Papier abreibt. Die Graphitteilchen des Bleistifts haften nämlich allein durch ihre Adhäsionskraft am Papier, und da das Radiergummi über eine höhere Adhäsionskraft verfügt als Papier, kann es diese Graphitpartikel wieder von selbigem entfernen.

Schon vor der Erfindung des Radiergummis verwendete man Wachsplättchen und vor allem Brot, um Bleistiftstriche zu radieren – was nur bedingt erfolgreich war. 1770 beobachtete der Brite Edward Nairne (1726–1806) zudem, dass sich zu diesem Zweck Kautschukklümpchen wesentlich besser eigneten. Angeblich griff Nairne versehentlich nach einem Stück Kautschuk und nicht nach dem üblichen Brotklumpen, doch führte man in dieser Zeit zahlreiche Experimente mit dem in Europa erst gerade bekannt gewordenen Werkstoff aus Südamerika durch (in deren Folge in den nächsten 50 Jahren auch der Regenmantel und die Gummistiefel entwickelt wurden).

Nairnes Entdeckung wurde durch den bekannten britischen Theologen und Naturforscher Joseph Priestley bekannt gemacht, der aus diesem Grund auch lange als Erfinder des Radiergummis galt.

Im Laufe der Zeit wurde das Radiergummi weiter optimiert. Die ursprünglichen Kautschuk-Radierer hatten nämlich den Nachteil, dass sie nicht unbegrenzt lange aufbewahrt werden konnten, sondern schlecht wurden. Dieser ungünstigen Eigenschaft wurde durch ein Verfahren des Amerikaners Charles Goodyear, die Vulkanisation, abgeholfen. Goodyear erhitzte 1839 Kautschuk zusammen mit Schwefel unter Druck und erhielt durch die Vernetzung der Kautschukmoleküle mit Schwefelbrücken einen elastischen und haltbaren Stoff: das Gummi. Die Erfindung des Gummis war nicht nur die Voraussetzung dafür, dass sich das Radiergummi in der Folgezeit zu einem allgemein erhältlichen Produkt entwickelte, sondern auch die Grundlage für zahlreiche weitere Erfindungen.

Heutzutage bestehen Kautschuk-Radiergummis aus Latex, dem Milchsaft des Kautschukbaums, und einem als Faktis oder Ölkautschuk bezeichneten Gemisch aus Pflanzenölen. Beide Stoffe werden durch die Vulkanisation elastisch gemacht; Quarzmehl, Kreide und weitere Füllstoffe verstärken die Abriebeigenschaften des Radiergummis zusätzlich. Auch gibt es inzwischen Kunststoff-Radiergummis aus PVC, die durch Weichmacher elastisch gemacht wurden. Sie haben eine ebenso starke Abriebstärke wie das Kautschuk-Radiergummi, die entstehenden Krümel bleiben jedoch, im Gegensatz zum kleinkrümeligeren Abrieb des Kautschuks, nicht am Papier hängen.

DAS RECYCLINGPAPIER

Produkte aus recyceltem Papier sind heute eine Selbstverständlichkeit. Doch wie alt ist die Idee, Altpapier einer erneuten Verwendung zuzuführen?

Papier war lange Zeit kostbar – und so ordnete die Republik Venedig bereits 1366 an, alte Druckerzeugnisse den Papiermühlen zurückzugeben. Dort stellte man allerdings fest, dass sich das graue Recyclingpapier nur für Verpackungen und nicht zum Wiederbedrucken eignete. Viel später kam der Göttinger Universitätsprofessor Justus Claproth auf die Idee, die Druckfarbe vom Papier zu entfernen. Gemeinsam mit dem Papierproduzenten Engelhard Schmid gelang es ihm 1774, dem Papier durch Terpentinöl und tonartige Wascherde die Farbe zu entziehen. Im selben Jahr veröffentlichte Claproth seine Schrift *Eine Erfindung, aus gedrucktem Papier wiederum neues Papier zu machen.* Sein Entschwärzungsverfahren (heute: Deinking) setzte sich nicht durch.

In großem Stil wurde Papier im 19. Jahrhundert recycelt, und lange Zeit waren die USA und Großbritannien führend. Allerdings wandte man zunächst kein Deinking an und gewann in erster Linie Pappe. 1952 konnte man durch das Flotations-Deinking in den USA höherwertige Recycling-Papierprodukte herstellen, doch waren einige Hilfsstoffe – Natronlauge und Wasserstoffperoxid – nicht umweltfreundlich. Anfang der 1970er Jahre entstand in der Schweiz ein Verfahren, die Druckfarbe fein im Recyclingpapier zu verteilen. Dieses hatte die graue Färbung, an die wir uns noch alle gut erinnern, war jedoch nur bedingt für Bürozwecke geeignet. Forscher aus Kanada und den USA lösten 1995 erstmals die Druckfarbe mit dem Enzym Zellulase – ein Verfahren, das sowohl die Umwelt als auch die meisten Verbraucher zufriedenstellt.

TIPP-EX

Vor der Ankunft des Computers gehörte die in Deutschland allgemein mit ihrem Markennamen Tipp-Ex bezeichnete weiße Korrekturflüssigkeit zu den unverzichtbaren Büroartikeln, gewährleistete sie doch, dass Dokumente und Korrespondenz nach dem Aufspüren der Tippfehler in eine präsentable Form gebracht werden konnten. Das Korrekturband der Schreibmaschine leistete zwar gute Dienste, konnte jedoch nur bei sofortiger Entdeckung des Fehlers zum Einsatz kommen.

Tipp-Ex wurde wahrlich am Ort des Geschehens erfunden – und zwar von einer Sekretärin aus Dallas namens Bette Nesmith Graham, die auf die einfache, aber geniale Idee kam, weiße Farbe im Papierton zu mischen, in ein Fläschchen abzufüllen und ihre Tippfehler einfach zu übermalen. Die steigende Nachfrage ihrer Kollegen nach der Flüssigkeit Mistake Out (Fehler weg) brachte Graham auf den Gedanken, ihre Idee zu Geld zu machen. 1956 gründete sie die Mistake Out Company, die später in Liquid Paper (flüssiges Papier) umbenannt wurde. Zusammen mit ihrem Sohn Michael füllte Bette Nesmith Graham die Fläschchen, 1968 konnte dieses Verfahren in einer Fabrik automatisiert werden, und 1976 erreichte die Zahl der verkauften Flaschen die Millionengrenze.

Die deutsche Firma Tipp-Ex wurde 1959 in Frankfurt a. M. von Otto Carls gegründet. Sie stellt die Korrekturfolie Tipp-Ex her – kleine, auf einer Seite mit pulvriger Farbe beschichtete Blättchen. Der Tippfehler verschwindet, wenn er nach dem Auflegen der Folie (Farbseite nach unten!) mit demselben Buchstaben übertippt und neutralisiert wird. Erst ab 1965 produzierte das Unternehmen Tipp-Ex die gleichnamige Korrekturflüssigkeit.

ESSEN UND TRINKEN

DER BRÜHWÜRFEL

Hand auf's Herz – wer verleiht Suppen und Saucen nicht gelegentlich mit würfelförmiger oder gekörnter Brühe die nötige Würze? Meist fehlt die Zeit, aus Fleisch und/oder Gemüse eine »richtige« Brühe herzustellen.

Dies war bereits im 19. Jahrhundert der Fall, als die Industrialisierung zur Entstehung der Arbeiterklasse führte. Um das Überleben zu sichern, waren auch die Frauen berufstätig, und es fehlte an Zeit und Geld, nahrhaftes Essen zuzubereiten. Die Ernährungslage der Arbeiterfamilien war miserabel. Dies erkannte der Schweizer Fabrikant Julius Maggi (1846–1912), ein Pionier der industriellen Nahrungsmittelherstellung. Für Maggi stand neben dem eigenem Gewinn auch das Bemühen um die Ernährung der Arbeiter im Vordergrund.

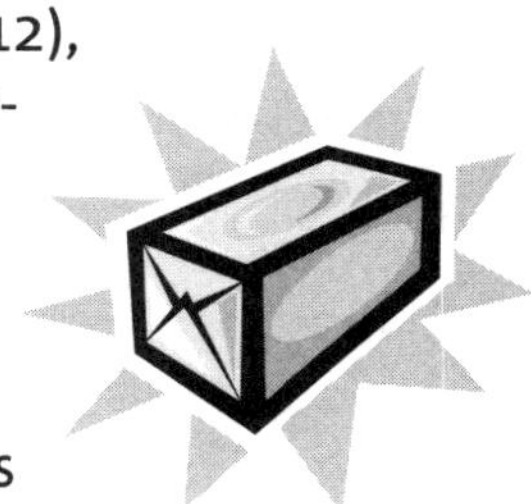

Maggis erste Erfindung war ein eiweißreiches Mehl aus Hülsenfrüchten, das 1884 auf den Markt kam und geröstet werden konnte, 1886 wurden die ersten Maggi-Fertigsuppen und auch die noch heute erhältliche flüssige Maggi-Würze (die dem Fleischextrakt Justus von Liebigs Konkurrenz machte) verkauft. All dies waren »Vorarbeiten« für den ab 1908 produzierten Brühwürfel. Er basierte ebenfalls auf Pflanzeneiweiß, das mit diversen weiteren Stoffen und Gewürzen zu Würfeln gepresst wurde. Der Würfel wurde in heißem Wasser aufgelöst, und der Geschmack der entstandenen Brühe erinnerte an Fleisch. Andere Firmen zogen schnell nach: Die britische Firma OXO brachte 1910 den Fleischbrühwürfel auf den Markt, dessen Extrakt Rinder aus Uruguay lieferten und der im Ersten Weltkrieg das Überleben der britischen Truppen sicherte. Ab 1911 produzierte auch die deutsche Firma Knorr Fleischbrühwürfel.

DER GUMMIBÄR

Der erste Gummibär wurde im Jahr 1922 von dem Bonner Süßwarenproduzenten Hans Riegel, der 1920 die Firma Haribo gegründet hatte, kreiert. Riegel goss Fruchtgummi in eine Bärenform. Damals hieß der Gummibär »Tanzbär«, denn Tanzbären traten auf den Jahrmärkten auf. Er war größer und schmaler als die heutigen Bären. In den 1930er Jahren erhielt der »Tanzbär« mit dem ebenfalls aus Fruchtgummi bestehenden »Teddybären« einen Bruder. Dieser war nach dem gleichnamigen Stofftier benannt worden, für das wiederum der US-Präsident Theodore »Teddy« Roosevelt Pate gestanden hatte.

Voraussetzung dafür, dass der Gummibär überhaupt entstehen konnte, war die Entwicklung des Fruchtgummis durch den Briten Charles Gordon Maynard im Jahr 1909. Maynard verarbeitete Zucker mit Gelatine, Pektinen, Farb-, Geschmack- und Aromastoffen zu einer gummiartigen Süßigkeit, die sich noch heute nicht nur in Großbritannien großer Beliebtheit erfreut.

1960 vereinten sich »Tanzbär« und »Teddybär« – Tanzbären waren aus Tierschutzgründen aus der Mode gekommen, und Roosevelt war bereits 1919 verstorben – im »Goldbären«, dem 1967 vom Deutschen Patentamt ein Eingetragenes Warenzeichen verliehen wurde. Diese Hauptgattung der Bärenwelt gibt es, von mehreren Herstellern, noch heute. Der Haribo-Goldbär veränderte in den 1970er Jahren seine Form. Er wurde kompakter, und auch die quietschbunten Farben wurden etwas blasser, als man Ende der 1980er Jahre von künstlichen auf natürliche Aromastoffe umstieg. In Deutschland hat der Gummibär Kultstatus erlangt. Nach seinem Vorbild werden von Wackelpuddingformen bis zu Lampen allerlei Gegenstände gefertigt.

DER KAFFEE

Der Legende nach wurde die Wirksamkeit der Kaffeepflanze *Coffea* gegen Ende des 1. Jahrtausends n. Chr. von einem Ziegenhirten in der Region Kaffa im Südwesten Äthiopiens entdeckt. Die intelligenten Ziegen verschafften sich durch das Knabbern der wild wachsenden Kaffeebohnen einen merklichen Energiekick, und als ihr Hirte dies beobachtete, probierte er die Bohnen selbst aus, mit ähnlichem Erfolg. Einem auf der Durchreise befindlichen Mönch wurden die Bohnen angeboten, und obwohl dieser anfangs skeptisch war, erkannte er bald, dass die Kaffeebohne ihm und seinen Klosterbrüdern behilflich sein würde, bei den nächtlichen Gebeten wach zu bleiben. Bald wurde aus den Bohnen ein belebender Aufguss zubereitet.
Und wahrscheinlich wurde auch schon bald entdeckt, dass Kaffee am besten schmeckt, wenn er geröstet, zerstoßen und mit heißem Wasser übergossen wird. An dieser Zubereitungsmethode hat sich bis heute nichts geändert, mit der Ausnahme des löslichen Kaffees bauen alle Arten, Kaffee zu »kochen«, darauf auf.

Die Droge Kaffee verbreitete sich in den darauffolgenden Jahrhunderten im gesamten arabischen Raum. Lange Zeit hatte Arabien das Handelsmonopol auf Kaffee, der vor allem von der Hafenstadt Mokka (das heutige al-Mukha im Jemen) aus verschifft wurde. Jemenitische Kaufleute zählten zu den Ersten, die Kaffee aus Äthiopien importierten, und bald bauten sie die Bohne auch selbst an.

Im 16. Jahrhundert wurde der Kaffee in Persien und im Osmanischen Reich immer beliebter – nicht zuletzt, weil Letzteres 1547 große Teile des Jemen annektiert hatte. Bereits im 15. Jahrhundert war in Konstantinopel das erste Kaffeehaus eröffnet worden, interessanterweise unter den Protesten des Klerus, welcher der Ansicht war, dass sich ein stimulierendes Getränk nicht mit der Lehre des Islam vereinbaren ließ. Dies führte dazu, dass der Kaffee im Osmanischen Reich immer wieder für eine Zeit verboten wurde. Und wenn er auch lange Zeit in Europa als »Türkentrank« galt – endgültig legalisiert wurde er im Osmanischen Reich erst im Jahr 1839.

Durch den lebhaften Handel der Venezianer mit dem Orient gelangte der Kaffee mitsamt seiner Bezeichnung nach Europa. Das italienische *caffé* stammt von dem türkischen Wort *kahve,* welches wiederum auf das arabische *qahwa* zurückgeht. Und als Papst Clemens VIII. trotz der Anstrengungen anderer, das muslimische Getränk zu verbieten, den Kaffee guthieß, waren seiner Verbreitung in Europa keine Grenzen mehr gesetzt.

Bereits im 16. Jahrhundert war Kaffee durch die britische und die niederländische Ostindienkompanie nach Großbritannien gelangt, und schon bald eröffneten in London die ersten Kaffeehäuser. In Wien mit seiner noch heute bemerkenswerten Kaffee- und Kaffeehaustradition konnte man allerdings erst 1683 die erste Tasse des exotischen Getränks genießen: Nach der Niederlage in der Schlacht am Kahlenberge waren die osmanischen Truppen abgezogen und hatten Säcke mit Kaffeebohnen zurückgelassen. Der polnische Offizier Kulczycki erhielt diese Bohnen als Kriegsbeute – und er war es auch, der das erste Wiener Kaffeehaus eröffnete. Nicht zuletzt geht auf ihn angeblich die Tradition zurück, Zucker und Milch in den Kaffee zu geben.

DAS KAUGUMMI

Kaugummi ist besser als sein Ruf: Zwar kann das Kauen ordinär aussehen, doch führen Kaubewegungen dazu, dass das Gehirn besser mit Blut und Sauerstoff versorgt wird. Auch soll das Kauen entspannen. Und trotz des Zuckers in zahlreichen Sorten hat Kaugummi eine zahnreinigende Wirkung. Die positiven Eigenschaften kaufähiger Substanzen sind seit Jahrtausenden bekannt: Die Steinzeitmenschen kauten Baumharze, die Inuit die Vitamin-C-haltige Haut von Narwalen. Im römischen und im osmanischen Reich schob man sich das Harz der Mastix-Pistazie in den Mund, und die Mayas und Azteken kauten das aus dem Latexsaft des Sapotillbaumes gewonnene *chictli.*

Von den Indianern ließ sich der erste amerikanische Kaugummifabrikant John Curtis Jackson anregen. Er brachte 1848 ein Kaugummi heraus, das auf einem indianischen Rezept mit Fichtenharz basierte. Große Menge Kaugummis setzte jedoch erst der New Yorker Thomas Adams ab. Adams hatte in Mexiko Chicle erworben und versuchte, Kautschuk herzustellen. Dies misslang, doch als Adams ein Stück Chicle in den Mund steckte, erkannte er, dass es sich gut kauen ließ. So brachte er 1871 geschmacklose Chicle-Kugeln auf den Markt. In der Folgezeit versahen mehrere US-Hersteller Chicle mit Aromastoffen, und ab etwa 1880 gab es Kaugummis mit Lakritz- und mit Pfefferminzgeschmack. Heute besteht Kaugummi hauptsächlich aus petrochemischen Grundstoffen, Zucker beziehungsweise Süßstoffen und Aroma- und Zusatzstoffen. In Deutschland populär wurde Kaugummi nach dem Zweiten Weltkrieg – nicht weiter verwunderlich, gehört doch Kaugummi angesichts seiner konzentrationsfördernden und entspannenden Eigenschaften seit dem Ersten Weltkrieg zur Grundausstattung der US-Soldaten.

DER PULVERKAFFEE

Der lösliche Kaffee entstand nicht, weil man im schnelllebigen 20. Jahrhundert die Zeit für die Kaffeezubereitung als zu lang empfand – vielmehr waren es die brasilianischen Kaffeebauern, die im Jahr 1930 eine Rekordernte einfuhren und nicht mehr zusehen wollten, wie ihre Überproduktion vernichtet wurde. Es galt, Kaffee zu konservieren. Ein Beamter der brasilianischen Regierung wandte sich an die auf die Herstellung von Trockennahrungsmitteln spezialisierte Schweizer Firma Nestlé, und in transatlantischer Kooperation entstand in den nächsten acht Jahren ein ab 1938 in der Schweiz verkauftes Produkt: Nescafé, der erste lösliche Kaffee.

In umfangreichen Experimenten hatte sich das folgende Verfahren herauskristallisiert: Aus gerösteten und gemahlenen Kaffeebohnen wird auf herkömmliche Weise ein starkes Kaffeekonzentrat gekocht, dem danach das Wasser entzogen wird. Dies kann auf zwei Arten geschehen: Durch die Sprühtrocknung, die den Kaffee durch Heißluft entwässert, und durch das geschmacksfreundlichere Verfahren der Gefriertrocknung. In ihr wird der flüssige Kaffee auf etwas minus 50 °C gefroren und in Körnchenform gebracht. Erwärmt man die Körnchen dann in einem Vakuum, wird das Eis sofort zu Dampf, ohne vorher flüssig zu werden. Zurück bleiben die aromatischen Kaffeekörnchen, die unter Zugabe von kochendem Wasser wieder eine Tasse Kaffee ergeben.

Zwar ziehen viele Kenner den aus Bohnen frisch zubereiteten Kaffe vor, doch hat der praktische lösliche oder Pulverkaffee – der in Deutschland erstmals 1943 für Soldaten der Wehrmacht hergestellt wurde – einen Marktanteil von etwa 30 Prozent erobert.

DIE NUDEL

Über die Nudel sind ganze Bücher geschrieben worden – und nicht nur Kochbücher! So soll auch hier dieser wirklich großen Erfindung der Menschheit in gebotener Kürze nachgespürt werden.

Lange Zeit galt Marco Polo als derjenige, der das Rezept für die Nudel Ende des 13. Jahrhunderts von seinen Reisen aus China nach Italien mitbrachte. Und tatsächlich wurde in Ostasien nachweislich schon vor Jahrtausenden die Nudel »erfunden«, was 2005 die Ausgrabung von Laija am Gelben Fluss belegte, in der 4000 Jahre alte Hirsenudeln in einer Steingutschale zutage gefördert wurden. Doch war die Nudel auch in der europäischen Antike bekannt. Überliefert sind griechische Nudelgerichte, und auf einer etruskischen Grabstele ist ein Gerät zu sehen, bei dem es sich wahrscheinlich um ein Nudelteig-Rädchen handelt. Der römische Feinschmecker und Autor Apicius erwähnt im 1. Jahrhundert n. Chr. eine Speise namens Lagana. – Zudem scheint die europäische Tradition der Nudelproduktion nie ganz in Vergessenheit geraten zu sein, was unter anderem die Beschreibung einer sizilianischen Nudelspeise des arabischen Geografen Al-Idrisi im 12. Jahrhundert belegt. Und die Maultaschen sollen angeblich die Mönche im Zisterzienserkloster Maulbronn erfunden haben. Fazit: An der Nudel führte in allen Kulturen, die sich mit der Kochkunst beschäftigten, kein Weg vorbei.

Die Gründe hierfür sind eindeutig: Nicht nur lässt sich die Nudel wirklich auf vielfältigste Weise zu den leckersten Speisen kombinieren, auch sättigt sie sehr gut und kann aus lange haltbaren Grundzutaten schnell zubereitet und in getrockneter Form lange aufbewahrt werden. Und im Grunde muss nur Mehl in kochendes

Wasser fallen, um den Koch oder die Köchin auf die Idee zu bringen, dass sich daraus mit etwas Geschick etwas ganz Köstliches machen lässt.

Die Chinesen stellen aus Weizenmehl, Wasser und manchmal auch Ei Weizennudeln her, Glasnudeln bestehen aus Mungbohnenstärke und Reisnudeln aus Reismehl. Buchweizen ist wichtigster Bestandteil der japanischen Soba-Nudeln. Die asiatischen Nudeln werden in unterschiedlichste Formen geschnitten, gepresst, gezogen oder geschabt, gefüllt oder ungefüllt als Suppeneinlage verwendet oder und mit Gemüse, Fleisch und Fisch vermischt.

Die typische italienische Pasta besteht in der Regel aus Hartweizengrieß, und die italienische Küche hat die Kombination unterschiedlicher Nudelformen mit den geeigneten Saucen zu einer hohen Kunst entwickelt. Obwohl seit dem 18. Jahrhundert Neapel als italienische Nudelhauptstadt galt, war das norditalienische Genua der Standort Italiens erster Pastafabrik, die 1825 von Paolo Agnese gegründet wurde.

Wenn auch in der traditionellen deutschen Küche die Nudel – meistens aus Weizen mit oder ohne Ei – keine so große Bedeutung hat, greifen immer mehr Deutsche auf die Rezepte der italienischen Küche und italienische Produkte zurück. Eine Ausnahme stellt in der deutschen Regionalküche die schwäbische Küche dar, zu deren herausragenden Spezialitäten Spätzle, Knöpfle und Maultaschen zählen.

Lange galt die Nudel sowohl in Italien als auch in Deutschland als Arme-Leute-Essen. Dies änderte sich erst mit der Rückbesinnung auf die Regionalküchen und der zunehmenden Popularität der italienischen Küche in der zweiten Hälfte des 20. Jahrhunderts.

DIE PIZZA

Auch wenn man es in Gegenwart eines Neapolitaners nicht erwähnen sollte: Die Idee zur Pizza stammt von den alten Griechen, die einen runden Brotfladen *(plakuntous)* mit einem Belag aus Kräutern und Zwiebeln buken. Doch waren es wohl die Neapolitaner, die im 18. Jahrhundert auf den Gedanken kamen, dem Grundrezept Tomaten hinzuzufügen (woraus später die Tomatensauce wurde). Die Tomate war noch nicht lange in Europa heimisch und hatte zu dieser Zeit ein Imageproblem, galt sie doch vielfach als giftig.

Solche Bedenken konnten sich die armen Neapolitaner nicht leisten. So wurde im 18. Jahrhundert die neapolitanische Pizza erfunden, wenn auch Name und Zubereitungsart mit der Pizza pugliese und der Pizza inchiusa aus Apulien beziehungsweise Kalabrien in Süditalien bereits bekannt waren. Diese Hefeteigpizzen enthielten wie ihr antiker Vorläufer und die ligurische Focaccia Olivenöl und Zwiebeln. Zunächst wurden in Neapel Pizzen als typisches Arme-Leute-Essen auf der Straße verkauft oder zuhause zubereitet und in den Holzöfen der Bäcker gebacken; erst 1830 öffnete mit der Pizzeria Pont'Alba in Neapel das wohl erste Pizzarestaurant seine Türen. Die Pizza Margherita wurde 1899 von dem Pizzaiolo Raffaele Esposito kreiert, der anlässlich des Besuches von König Umberto I. und seiner Frau Margherita eine Pizza mit Tomaten, Mozzarella und Basilikum in den italienischen Nationalfarben belegte. Die Neuerung, die Pizza mit Käse zu belegen, hat sich erhalten. Durch italienische Einwanderer verbreitete sich die schnell zu einem der italienischen Lieblingsgerichte gewordene Pizza im 19. Jahrhundert in den Vereinigten Staaten und nach dem Zweiten Weltkrieg auch in Deutschland.

POMMES FRITES

Auch das Fallenlassen von Kartoffelstäbchen in heißes Fett ist einfach genial, sind das Resultat doch die köstlichen Pommes frites, die aufgrund ihres Fettgehalts zwar nicht unbedingt gesund sind, doch für das seelische Wohlbefinden Wunder bewirken.

Umstritten ist, welche Nation die Pommes frites erfand, denn sowohl die Belgier als auch die Franzosen beanspruchen die deliziösen Kartoffelstäbchen für sich. Die Belgier stützen sich auf die Aufzeichnungen eines Joseph Dinard, der 1781 schrieb, dass die Einwohner wallonischer Städte ihre Fische frittierten, im Winter aufgrund der zugefrorenen Flüsse jedoch schon seit mehr als hundert Jahren in Fischform geschnitzte Kartoffelstücke in das heiße Fett gäben. Geht man davon aus, dass die Spanier (die dritten Anwärter auf die Erfindung der Pommes frites) die Kartoffeln aus der Neuen Welt schon Ende des 17. Jahrhunderts auch in den Spanischen Niederlanden eingeführt haben können, wäre dies zumindest theoretisch möglich. Die Franzosen halten dagegen, dass die ersten Pommes frites als Pommes Pont-Neuf nachweislich 1789 auf dem Höhepunkt der Französischen Revolution angeboten wurden, einige Jahre nachdem der Agronom Antoine Parmentier die Knollenfrucht in der Grande nation de la cuisine bekannt gemacht hatte.

In den USA wurden die Pommes frites nach dem Ersten Weltkrieg populär, als US-Soldaten in die Heimat zurückkehrten. Sie werden in den USA aus diesem Grund auch als French fries bezeichnet. Angeblich hat jedoch bereits der spätere Präsident Thomas Jefferson Ende der 1780er Jahre die Pommes frites als französischer Botschafter in Paris kennengelernt und auf seinem Landsitz Monticello serviert.

DIE SCHOKOLADE

Sie ist ein wahrer Allroundkünstler: Sie kann in flüssiger Form heiß und kalt und als Sauce zu Süßem oder Herzhaftem genossen werden, man kann sie in Mokkabohnen- oder Osterhasenform pressen, sie tröstet und belebt, hilft in schlaflosen Nächten beim Einschlafen und bringt bei Anstrengungen neue Energie. Und sie schmeckt einfach himmlisch.

Die Geschichte der Schokolade beginnt dort, wo der Kakaobaum wächst: an der Küste des mexikanischen Golfes. Wahrscheinlich waren es die dort lebenden Olmeken, die, wie Funde von Gefäßen mit Kakaoresten belegen, vor schätzungsweise 3000 Jahren die Früchte des Kakaobaumes zu schätzen lernten und das zuckerhaltige Fruchtfleisch zu einem alkoholischen Getränk vergoren. Den Samen der Früchte, die Kakaobohne, nutzten nachweislich seit dem 14. Jahrhundert die Azteken. Sie verwendeten die Bohne des dem Gott Quetzalcoatl geweihten Baumes als Opfergabe, aber auch als Zahlungsmittel – das zudem zu einem Getränk namens Xocóatl verarbeitet wurde. Auch die spanischen Kolonialherren kamen bald auf den Geschmack: Sie fügten dem herben und kräftig gewürzten Xocoátl Honig oder Rohrzucker zu – der Kakao oder die Trinkschokolade war erfunden.

Diese Trinkschokolade wurde aus zu Platten gepressten Kakaobohnen auch bald in Europa ungeheuer populär, galt sie neben ihres guten Geschmacks doch auch als Universal-Medizin, die in den Apotheken als Stärkungs-, Schmerz- und Potenzmittel und gegen zahlreiche andere Wehwehchen verkauft wurde.

Dies geschah nicht ganz zu Unrecht: Die Kakaobohne enthält Theobromin, eine koffeinähnliche Substanz, die jedoch für längere Zeit anregend und stimmungsaufhellend wirkt.

Die Schokoladentafel als Genussmittel gab es lange Zeit noch nicht. Erst 1828 gelang es dem niederländischen Chemiker Coenraad Johannes van Houten, aus den Kakaobohnen einen Teil der fetten Kakaobutter herauszupressen. Zurück blieb das Kakaopulver, das einerseits durch Auflösen in Flüssigkeit zur Trinkschokolade weiterverarbeitet werden konnte, andererseits aber auch die Voraussetzung schlechthin für die Herstellung von Tafelschokolade bildete: Kakaopulver wurde mit Zucker und dann wieder mit der Kakaobutter gemischt, sodass van Houten die erste Schokoladentafel herstellen konnte. Van Houten meldete auf sein Trennverfahren ein Patent an – das jedoch 1838 auslief, und in der Folgezeit entstanden in Europa zahlreiche weitere Schokoladenfabriken. Der erste Schokoriegel wurde 1847 von Fry & Sons in England produziert; und die Milchschokolade wurde 1875 von dem Schweizer Daniel Peter entwickelt. Doch ließ die Konsistenz der Schokolade noch zu wünschen übrig, sie war eher krümelig und ein wenig bitter. Im Jahr 1879 endlich erfand der Berner Chocolatier Rodolphe Lindt die Conchiermaschine, eine spezielle Rührvorrichtung, in der durch langes Rühren die Restfeuchtigkeit der Zutaten reduziert und der Schokolade ihre Bitterstoffe genommen werden. Aus der zuvor eher brüchigen Schokolade wurde eine im Mund zart schmelzende Masse.

Seitdem gehört die Schweiz zu den führenden Schokoladeherstellern – was sich nicht zuletzt im jährlichen Pro-Kopf-Verbrauch des Alpenlandes widerspiegelt. Mit 11,9 Kilo lag die Schweiz 2006 auf Platz 1, vor den Deutschen und Belgiern – den Einwohnern eines weiteren Landes mit einer bemerkenswerten Schokoladen- und Pralinenindustrie – mit 11,1 respektive 11 Kilo pro Jahr und Person.

DAS SPEISEEIS

Aller Wahrscheinlichkeit nach wurde im alten China zum ersten Mal Speiseeis genossen: Um 2000 v. Chr. erfand man dort eine Mischung aus Reis und Milch, die gewürzt und in dunklen Räumen im Schnee gefroren wurde – eine Art gefrorener Milchreis? Das Handwerk des Eismachens scheint sich in China durch die Jahrhunderte erhalten zu haben, neben Milcheis wurde Eis aus Fruchtpüree entwickelt, und in den chinesischen Städten gab es im 13. Jahrhundert mobile Eisverkäufer.

Aus den Jahrhunderten vor der Zeitenwende ist auch die Existenz von Speiseeis in Persien, Griechenland und Rom überliefert: Der griechische Arzt Hippokrates empfahl Getränke mit Eis, und Alexander der Große hielt seine Soldaten mit Gletschereis, das er mit Fruchtsaft, Milch oder Honig hatte mischen lassen, bei der Stange. Wie Alexander ließ der römische Kaiser Nero Eis herstellen, das in den Albaner Bergen produziert und mit Obst und Gewürzen verfeinert wurde. Und seit dem späten Mittelalter entwickelte sich in Italien eine Tradition in der Herstellung von Speiseeis. Alle diese Eisvariationen hatten einen Nachteil: Sie konnten nur in einer sehr kalten Umgebung hergestellt und aufbewahrt werden. Das köstliche Produkt war den Reichen vorbehalten, die in ihren Schlössern und Gärten Eishäuser oder -keller einrichten ließen.

Schon den Chinesen war es gelungen, sich Salpetersalz zum Einfrieren zunutze zu machen (Marco Polo berichtet davon) – in

Europa machte erst der spanische Physiker Blasius Villafranca eine entsprechende Entdeckung, und zwar 1560 in Rom. Er erkannte, dass in einer Mischung aus Salpetersalz und natürlichem Eis Flüssigkeiten gefrieren. Seit dem ausgehenden 16. Jahrhundert wurden die Zutaten für Speiseeis in einen Behälter gegeben, der in eine entsprechende Gefriermischung gesetzt wurde. Während des Gefrierens wurde das Eis ständig gerührt, sodass die Eiskristalle nicht aneinanderhafteten und hart wurden, sondern ein Eis mit einer cremigen Konsistenz entstand. Noch heute wird Eiscreme nach etwa diesem Prinzip hergestellt.

Damals begann auch der Siegeszug des italienischen Gelato: Florentinische Zuckerbäcker machten sich die Entdeckung Villafrancas zunutze, und in den folgenden Jahrhunderten ließen sich Italiener überall in Europa nieder und verkauften ihr Eis, das nach und nach auch weniger begüterten Schichten zugänglich wurde. Ein Koch Ludwigs XIV., Francesco Procopio di Cultelli, bot ab 1660 in seinem Pariser Café Procope Eiscreme an, ein erstes reines Eiscafé wurde im 18. Jahrhundert in der französischen Hauptstadt von einem Neapolitaner am Boulevard des Italiens eröffnet. 1770 ist eine erste italienische Eisdiele in New York überliefert, und ab 1799 beherbergte der Hamburger Alsterpavillon die erste deutsche Eisdiele – doch erst in den 1920er Jahren entstand in Deutschland durch italienische Einwanderer eine wirkliche Kultur italienischer Eiscafés.

1846 ließ sich die Amerikanerin Nancy Johnson die erste Eismaschine patentieren – deren Handkurbel das Herstellen von Eis auch in Privathaushalten wesentlich erleichterte. Ein weiterer Meilenstein war die Weiterentwicklung der Kältemaschine durch Carl von Linde im Jahr 1876: Nun konnte Eis auch im Sommer produziert werden, und man war vom natürlichen und in der Regel nur im Winter verfügbaren Stangeneis unabhängig geworden.

DER TEE

Den Tee entdeckte etwa um 2700 v. Chr. der im Garten wandelnde chinesische Kaiser Shen Nung, dem der Wind die Blätter des Teestrauches in sein heißes Wasser wehte. Der Kaiser probierte das aromatisch riechende Getränk, das ihm geschmacklich zusagte und ihn überdies noch belebte. Doch muss diese schöne Geschichte in den Bereich der Legende verwiesen werden – als gesichert gilt lediglich, dass der Tee aus China stammt und dass dort schon 221 v. Chr. eine Teesteuer eingeführt worden war.

Die ostasiatische Erfindung oder vielmehr Entdeckung des Tees hatte Folgen: In den ostasiatischen Ländern entwickelte sich (vor allem in Japan) eine hochstehende Teekultur, und Tee wurde insbesondere in China zum Alltagsgetränk, das in zahlreichen Teehäusern serviert wurde – eine Tradition, die erst durch Mao Zedong nachhaltig unterbrochen wurde. Meistens wird grüner Tee getrunken, der auch in Europa bekannte chinesische Schwarztee kommt vor allem aus den Provinzen Sichuan und Yunnan.

1610 reiste die erste Schiffsladung grünen Tees aus China auf einem Frachter der Holländisch-Ostindischen Kompanie, des Monopolisten des Asienhandels, nach Europa. 1644 lieferten die Niederländer erstmals 100 Pfund Tee nach England, dessen Britische Ostindien-Kompanie von 1669 bis 1833 das Monopol für den

Handel mit China innehatte. In Großbritannien wurde der Tee 1662 durch Königin Catherina von Braganza, Gemahlin Charles II., am Hof eingeführt – Auftakt für die britische Teekultur, die zuerst dem Adel vorbehalten war, sich dann aber durch die Eröffnung des ersten Teegeschäfts durch Thomas Twining 1717 in London und die Teegärten (Parks mit Teeausschank) verbreitete.

In Deutschland wurde der Tee im 18. Jahrhundert populär: Vergeblich versuchte Friedrich II. von Preußen 1778, den Teekonsum zu untersagen, und kurz darauf etablierte sich Ostfriesland als in Sachen Tee führende Region Deutschlands: Aufgrund der britischen Handelssperre über die Niederländer ließen sich viele niederländische Teehändler kurzerhand im Nordwesten Deutschlands nieder. Im Norden und auch in den sonstigen Staaten Deutschlands traf man sich in den Salons zu Teegesellschaften.

Dem chinesischen Tee Konkurrenz machte seit der zweiten Hälfte des 19. Jahrhunderts der indische Tee, der seit ca. 1840 auf Betreiben der britischen Kolonialherren auf Ceylon und auch in indischen Regionen wie Assam und Darjeeling angebaut wurde. Großbritannien, welches das Handelsmonopol über China verloren hatte, konnte so weiterhin große Mengen Tee einführen und dem Königreich ein »Grundnahrungsmittel« sichern.

Noch heute gehören China, Indien und Sri Lanka neben Kenia zu den größten Teeproduzenten, die 2007 ca. 3,7 Millionen Tonnen Tee herstellten. Davon wurden etwa 1,5 Millionen Tonnen ausgeführt. Am meisten Tee getrunken wird (außer in den Erzeugerländern) in Großbritannien, Irland und Neuseeland (3,2, 1,5 oder 1 Kilo pro Einwohner im Jahr). In Deutschland führt – nicht weiter verwunderlich – Ostfriesland mit einem Jahresverbrauch von 2,5 Kilogramm pro Kopf, der Rest der Republik liegt mit einem Durchschnitt von lediglich 250 Gramm weit abgeschlagen dahinter.

DER ZUCKER

Funden zufolge wurde bereits vor etwa 8000 Jahren in Melanesien und Polynesien Zuckerrohr angebaut. Lange vor der Zeitenwende gelangte Zuckerrohr nach Indien, dessen Einwohner den heißen Zuckerrohrsaft in Kegel füllten und fest und körnig werden ließen – mit dem Resultat, dass etwas entstand, das sie als *sarkara* bezeichneten, was nun wiederum nichts anderes als das Sanskrit-Wort für »süß« ist. Auf dem Feldzug Alexanders des Großen nach Indien lernten auch die Griechen den Zucker kennen, welchen ein General als »Rohr, das ohne die Hilfe von Bienen Honig ergibt« bezeichnete. Der Zucker war in den Blick des abendländischen Kulturkreises geraten.

Doch zunächst verlagerte sich der Schauplatz der Zuckergeschichte in den Orient: Die Araber legten auf einigen Mittelmeerinseln, darunter auf Kreta, bedeutende Zuckerrohr-Plantagen an und bezeichneten ihr Produkt als *sukkar.* Aus dem Vorderen Orient brachten dann die Kreuzfahrer den Zucker im Hochmittelalter endgültig nach Europa. Für viele Jahrhunderte war er eine äußerst kostspielige Substanz (wovon auch die zahlreichen aufwendig gestalteten und verschließbaren Zuckerdosen vergangener Jahrhunderte zeugen), und er galt interessanterweise lange Zeit auch als ausgesprochen gesund. Erst als man im 16. Jahrhundert entdeckte, dass die europäischen Kolonien in der Karibik sich gut zum Anbau von Zuckerrohr eigneten, sank der Preis ein wenig, doch nach wie vor war Zucker ein Luxusprodukt.

Eine Revolution in der Zuckerherstellung bahnte sich 1747 an, als der deutsche Chemiker Andreas Sigismund Marggraf den Zuckergehalt der Runkelrübe entdeckte. Seinem Schüler Franz Carl Achard gelang es um 1800, die notwendige Technik zu entwickeln, der Rübe den Zucker auch zu entziehen. Mithilfe eines Darlehens des preußischen Königs Friedrich Wilhelm III. gründete er 1801 im schlesischen Cunern die erste Zuckerfabrik, die im folgenden Jahr den ersten Rübenzucker produzierte.

In Deutschland entwickelte sich jedoch – bedingt durch die Wirren der Napoleonischen Kriege – erst in den 1830er Jahren eine auf den Arbeiten Achards beruhende effektive Zuckerindustrie, die ab 1850 Zucker für die meisten Menschen erschwinglich machte.

Den Würfelzucker erfand im Übrigen 1840 der Direktor der böhmischen Zuckerraffinerie in Daschitz, Jacob Christoph Rad, dessen Frau Juliane sich beim Brechen des Zuckers aus den damals üblichen großen und steinharten Zuckerhüten die Finger blutig geschlagen hatte (der Mann muss Humor gehabt haben, denn die ersten Zuckerstücke färbte er im Gedenken an die Finger seiner Gattin rot ein ...). Die Darreichungsform des streufähigen Kristallzuckers setzte sich Anfang des 20. Jahrhunderts durch. Und am Berliner Institut für die Zuckerindustrie kam 1901 Alexander von Herzfeld auf die gute Idee, den »I. Damenkursus zur Ausbildung von Zucker-Chemikerinnen« anzubieten, mit dem in der deutschen Hauptstadt die ersten Schritte in Richtung Frauenstudium getan wurden.

HAUSHALT UND WOHNEN

DIE ALUMINIUMFOLIE

Aluminium- oder Alufolie (die in Anlehnung an die früher verwendete Zinnfolie manchmal auch noch als Stanniol bezeichnet wird) ist mit etwa 0,01 bis 0,015 Millimetern Dicke ein extrem dünnes und biegsames Verpackungsmaterial, das zudem die Vorteile hat, geschmacksneutral zu sein und das Verpackte nahezu luftdicht abzuschließen. Sie wird somit häufig für das Verpacken von Lebensmitteln verwendet und eignet sich hervorragend zum Erhitzen von Grillgut und für vieles Weitere mehr.

Auf die Idee, Aluminiumfolie herzustellen, kam um 1907 der Schweizer Betrieb Dr. Lauber, Neher & Cie., dessen Fabrik mithilfe der aus dem Rheinfall von Schaffhausen gewonnenen Energie Aluminium herstellte. Nach dem Entwickeln der erforderlichen Maschinen wurde im Aluminiumwalzwerk der Firma im schweizerischen Kreuzlingen im Jahr 1910 zum ersten Mal Aluminiumfolie produziert.

Schon bald wurde das Material zum Verpacken von feuchtigkeitsempfindlichen Lebensmitteln verwendet – wozu damals unter anderem Süßwaren zählten. Als der Preis für Aluminium Ende der 1920er Jahre rapide fiel, wurde das Material zunehmend populär. 1947 gelang es der amerikanischen Firma Reynolds Metals, eine Folie von nur 0,0175 Millimetern Stärke zu produzieren.

Heute findet sich Alufolie – wenn ihre Herstellung auch nicht besonders umweltfreundlich ist und das Recyceln der Folie nahelegt – in fast jedem Haushalt.

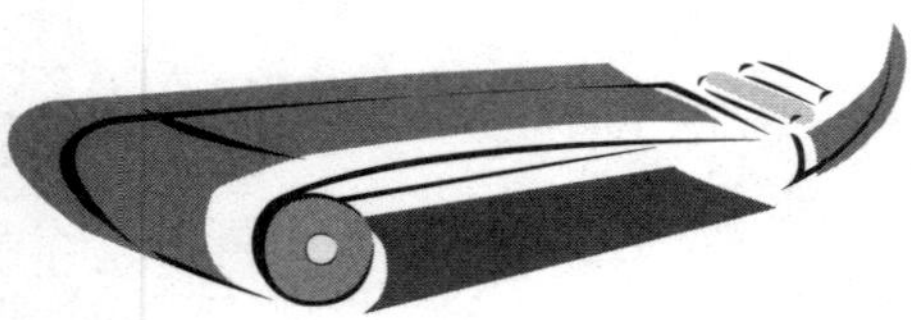

DIE BLÄSCHENFOLIE

Auch dieses Verpackungsmaterial ist ein wirklicher Verwandlungskünstler – schützt es doch sowohl kostbares Porzellan beim Umzug als auch die nicht so ganz winterharten Topfpflanzen in der kalten Jahreszeit. Und nicht zuletzt gibt es auffallend viele Menschen, die die Folie als Hilfsmittel bei einer Art Entspannungstechnik nutzen und mit einem zufriedenstellenden Plopp eine Blase nach der anderen zerplatzen lassen ... (was in Ermangelung von Bläschenfolie auf der Webseite der Herstellerfirma auch online erledigt werden kann).

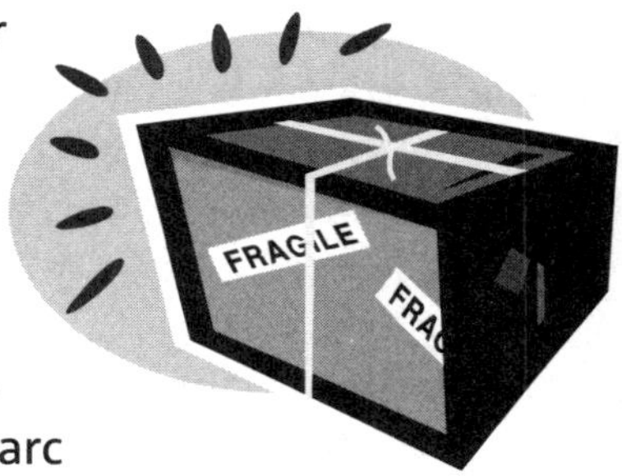

Diese Verwendungsmöglichkeiten hatten die Ingenieure Alfred Fielding und Marc Chavannes nicht im Sinn, als sie im Jahr 1957 in einer Garage im US-Bundesstaat New Jersey ein Material mit Luftkammern zwischen zwei Schichten Plastikfolie entwickelten – vielmehr wollten sie eine waschbare Wandbespannung im aktuellen Raumschiff-Look kreieren. Es war unschwer zu erkennen, dass sich das Ergebnis ihrer Bemühungen hierzu weniger gut eignete, doch sahen Fielding und Chavannes schnell ein, dass ihre Erfindung ein hervorragendes Verpackungsmaterial abgeben würde. Sie entwickelten sie weiter und gaben ihr den Markennamen Bubble Wrap. 1960 gründeten sie die Sealed Air Corporation, die inzwischen zahlreiche Verpackungsmaterialien herstellt.

Bläschenfolie ist nicht nur auf Rollen und mit unterschiedlich großen Blasen erhältlich, sondern ist unter anderem auch Bestandteil der wattierten Briefumschläge, die unter dem Markennamen Jiffy Bag ebenfalls von der Mutterfirma der Bläschenfolie produziert werden.

DAS BÜGELEISEN

Schon bei den alten Griechen und Römern galten Knitterfalten in Chlamys oder Toga als wenig schick, und dementsprechend wurden Vorformen des Bügeleisens bereits in der griechischen Antike erfunden. Häufig wurden frisch gewaschene Kleidungsstücke einfach durch großen Druck geglättet, doch gab es bei den Griechen auch eine erwärmte Walze, mit der Leinen plissiert werden konnte. Eines Metallhammers zum Glatthämmern bedienten sich die Römer – oder vielmehr deren Sklaven, denn das Glätten der Stoffe war in dieser Zeit im buchstäblichen und übertragenen Sinne Sklavenarbeit. Und so waren ordentliche Falten in der Kleidung lange Zeit ein Zeichen für einen gehobenen Stand.

Auch die Wikinger kannten ein pilzförmiges Utensil, mit dessen Kuppe die feuchte Kleidung geplättet wurde, und in China arbeitete man schon seit eh und je mit Glättpfännchen, in denen Kohle erhitzt worden war.

Im Europa des ausgehenden Mittelalters wurde ein Vorläufer des heutigen Bügeleisens entwickelt, ein Flacheisen mit Griff, das immer wieder über das Feuer gehalten wurde. Dieses Flacheisen wurde ab Ende des 17. Jahrhunderts vom sogenannten Kasteneisen abgelöst, das mit einer heißen Eisenplatte bestückt wurde. Der Vorteil dieses neuartigen Bügeleisens war, dass dessen Unterseite nun nicht mehr mit Ruß beschmutzt wurde, der sich allzu leicht auf die Kleidungstücke übertrug. Im Laufe des 19. Jahrhunderts wurde der Innenraum des Bügeleisens vergrößert und mit glühenden Kohlen gefüllt.

Diese Form von Bügeleisen blieb lange Zeit aktuell, bis im 19. Jahrhundert mehr und mehr Stadtwohnungen über einen Gasanschluss verfügten und Bügeleisen mit Gasschläuchen erhitzt wurden. Doch hatte das Gasbügeleisen den entscheidenden Nachteil, dass die Gasleitung schnell undicht wurde und ein Feuer auslöste. Der Anschluss an ein Stromnetz war eine entscheidende Voraussetzung für ein erfolgreiches und gefahrloses Bügeln.

Doch war der Weg hierhin noch weit: Das erste US-Patent für ein elektrisches Bügeleisen wurde 1882 an den New Yorker Henry Weely erteilt, dessen hitzefeste Wicklungen sich allerdings nur langsam erhitzten und während des Bügelns schnell wieder abkühlten. Zudem waren die neuen Bügeleisen mit fünf bis sieben Kilo Gewicht recht schwer. Und so setzten sich in den USA in den ersten Jahrzehnten des 20. Jahrhundert und in Deutschland erst in den 1920er Jahren die – inzwischen weiterentwickelten – elektrischen Bügeleisen durch, in einer Zeit, in der die Stromversorgung nicht mehr allein auf die Glühlampen ausgelegt war und mehr und mehr Menschen auf Dienstboten verzichten und ihre Kleidung selbst bügeln mussten. Auch unterstützten deutsche Stromlieferanten als Marketingmaßnahme das Bügeln, indem sie die elektrischen Bügeleisen mit einem eigenen »Plättzähler« versahen und den benötigten Strom verbilligt abgaben. Nicht zuletzt wurden elektrische Bügeleisen nun oben sinnvollerweise isoliert, was es weniger wahrscheinlich machte, beim Bügeln Brandblasen davonzutragen.

Die ersten Dampfbügeleisen kamen 1926 in New York auf den Markt, doch erst in den 1940er Jahren standen sie nicht mehr im Ruf, die Bügelwäsche zu versengen und wurden in größerer Anzahl verkauft.

DER DOSENÖFFNER

Kauft man heute eine Konservendose, hat man auch einen Dosenöffner im Haus. Dies war nicht immer so: Die Konservendosen fanden ab dem zweiten Jahrzehnt des 19. Jahrhunderts durch ihre Verwendung bei der britischen Armee und Marine verstärkt Absatz, doch ließ der Dosenöffner noch lange auf sich warten. Die Behälter aus dickem Eisen (erst später bestanden sie aus dünnerem Stahl) mussten mit starken Messern oder sonstigen nicht optimalen Werkzeugen mühevoll geöffnet werden – und die Konservendosen, die der Brite William Edward Parry 1824 bei seiner Polarexpedition mitführte, trugen den Vermerk: »Oben mit Hammer und Meißel zu öffnen.«

Erst 1855 erfand der Brite Robert Yeats einen speziellen Dosenöffner, den er 1858 patentieren ließ. Im selben Jahr erhielt auch der Amerikaner Ezra T. Warner ein US-Patent für einen Dosenöffner. Der noch heute verwendete Öffner mit Schneidrad wurde 1870 vom dem Amerikaner William Lyman erfunden und patentiert. Inzwischen bestanden die Konservendosen aus dünnem Blech, und so konnte sich dieser Dosenöffner-Typus durchsetzen.

Vielfach wird jedoch der ebenfalls sehr zuverlässig arbeitende Öffner mit Schneidemesser und Transportrad bevorzugt. Im Gegensatz zu zahlreichen einfacheren Dosenöffnervarianten, die Teil eines Taschenmessers sein können, sind bei diesen beliebten Öffnertypen die zu bedienenden Teile so weit vom Schneidwerkzeug entfernt, dass das Dosenöffnen ohne Verletzungsgefahr möglich ist.

Probleme kann allenfalls der Dorn des Schneidemesser-Öffners bereiten, der in die Dose und nicht im schlaftrunkenen Zustand in die Handfläche getrieben werden sollte!

DER DÜBEL

Was wäre der Hand- und Heimwerker ohne den Dübel? Und doch gab es eine Zeit, in der man Schrauben in Holzblöcke drehte, die in die Wand gestemmte Löcher gesetzt worden waren, oder das Schraubenloch in der Wand durch Späne stopfte. Dies war bis zum Jahr 1910 der Fall, denn damals, so erzählt man sich, wurde der britische Bauunternehmer John Rawlings gebeten, im Britischen Museum Elektrokabel zu befestigen – aber bitteschön möglichst unsichtbar. Rawlings löste das Problem, indem er den Dübel erfand: Dieser bestand aus einem Hanf-Röhrchen, das durch Einschnitte instabil gemacht und von einem Überzug aus Klebstoff oder Gummi zusammengehalten wurde. Es wurde in das Loch in der Wand gesteckt und weitete sich, wenn die Schraube eingedreht wurde. 1911 meldete Rawlings ein Patent auf seine Erfindung an, und er produzierte den Rawlplug selbst. Um seinen Dübel groß herauszubringen, initiierte Rawlings eine für die damalige Zeit mit einer ganzseitigen Anzeige in der Tageszeitung *Daily Mail* einzigartige Werbekampagne. Die Anfänge der industriellen Dübelproduktion in Deutschland gehen auf das Jahr 1926 zurück, als die Hamburger Firma Updat Dübel aus Hanfschnur in Blechhülsen lieferte.

Ein weiterer Meilenstein in der Geschichte des Dübels war mit den Dübeln aus Nylon erreicht, die im Jahr 1958 der Schwabe Artur Fischer erfand – angeblich unter der Dusche: Ein Stift aus Nylon wird aufgesägt und spreizt sich in dem Moment, in dem die Schraube eingedreht wird, sodass sich der Dübel nicht mitdrehen kann, sondern sich selbst mitsamt Schraube in der Umgebung verankert. In Fischers Werk im Schwarzwald werden pro Tag Millionen Dübel produziert.

DER EIERKARTON

In mancher Hinsicht ist das Ei eines der weniger praktischen Lebensmittel: Es ist zerbrechlich und es ist rund, sodass es auf einer Fläche gerne hin und her rollt – und dann vom Rand herunterfällt. Doch haben Sie schon einmal überlegt, wie Eier vor der Erfindung des Eierkartons vom Laden in die Küche transportiert wurden?

Logischerweise gab es auf dem Transportweg von Eiern einen ziemlichen Schwund. Dies war in Europa nicht anders als in Nordamerika, wo sich 1911 im kanadischen Bundesstaat British Columbia deswegen ein Streit entfachte. Die von einem Bauern gelieferten Eier kamen häufig zerbrochen im Hotel an, und der Eierproduzent und der Hoteleigentümer beschuldigten sich gegenseitig. Dies kam dem Zeitungsbesitzer Joseph Coyle aus dem nahen Städtchen Smithers zu Ohren, und ihm gelang es, durch einen besonders geformten Pappkarton, in dem jedes Ei in seinem eigenen kleinen Eierbecher fixiert war, den Streit zu schlichten. Kein Ei konnte das andere beschädigen, der Karton an sich war standfest, stapelbar und auch relativ stoßsicher. Die Idee scheint mit Wohlwollen aufgenommen worden zu sein, denn nur wenige Jahre später hatte Coyle für die Produktion seiner zunächst aus einer Art Papiermaché handgeformten Eierkartons Maschinen entwickelt, die er 1919 mit nach Los Angeles nahm. In den USA fanden sich einige Lizenznehmer, die schon bald in mehreren amerikanischen Städten die Coyle Egg-Safety Cartons herstellten und auf der ganzen Welt verkauften. Aus dem Eierkarton entwickelte sich die Eierpalette, die mehr Eier aufnehmen kann als der Karton für sechs oder zehn Eier, diese, da sie oben offen ist, aber nicht so gut schützt.

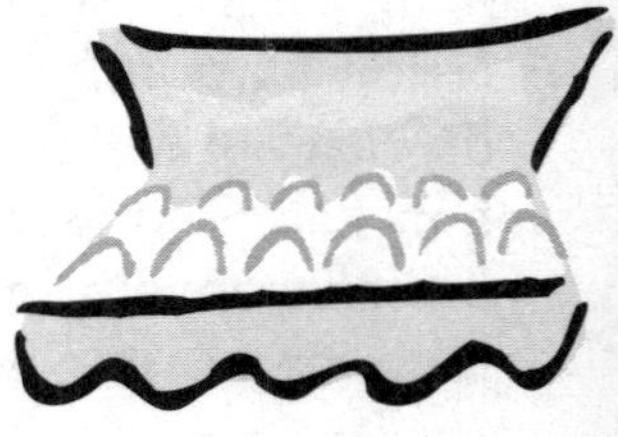

DIE ESPRESSOKANNE

Viele Kenner halten die Methode, heißes Wasser mit viel Druck durch den gemahlenen Kaffee zu pressen, für die beste Art der Zubereitung. So erhält man einen aromatischen und weniger bitteren Kaffee, den Espresso, dessen Herstellung man entweder einer Espressokanne, die auf den Herd gestellt wird, oder einer professionellen Espressomaschine verdankt.

Die dreiteilige Espressokanne für den Herd ist im Gegensatz zur Espressomaschine so preiswert, dass in praktisch jedem Haushalt Espresso gebrüht werden kann. Das Prinzip ist einfach: In das Unterteil der Kanne wird Wasser, in den Einsatz das Kaffeepulver gegeben. Beim Erhitzen auf der Herdplatte entsteht ein Überdruck von bis zu 1,5 bar, der das Wasser durch den Kaffee in das Oberteil der Kanne drückt.

Der Klassiker unter den Espressokannen, die achteckige Aluminiumkanne Moka Express, wurde 1933 von dem Italiener Alfonso Bialetti erfunden, der eine Aluminiumfabrik besaß. Bialettis Idee war es, den in der Bar durch aufwendige Maschinen erzeugten Druck abzusenken, sodass sich das Prinzip der Espresso-Zubereitung – nach dem Slogan »Espresso zuhause wie in der Bar« – mittels Kanne und Herd umsetzen ließ. Bialettis Sohn Renato ist es zu verdanken, dass sich in praktisch jedem italienischen Haushalt auch eine Espressokanne findet: Er vermarktete die Moka Express nach dem Zweiten Weltkrieg so erfolgreich, dass sie noch heute – obwohl inzwischen langlebigere Kannen aus Edelstahl hergestellt werden – als Inbegriff der Espressokanne gilt.

Doch sollte man beachten, dass man nach dem Espresso-Reinheitsgebot mit der Espressokanne keinen »wirklichen« Espresso herstellt, sondern lediglich einen Mokka. Über den orginalitalienischen Espresso wacht seit 1998 das Istituto Nazionale Espresso Italiano, das strenge Anforderungen an das Getränk stellt. Diese sind nur mit einer geeigneten Kaffeemischung, einer Espressomaschine und geschultem Personal zu verwirklichen. Laut dem Institut muss unter anderem das Wasser mit einem Druck von etwa 9 bar durch den Kaffee gedrückt werden, und dies gelingt nur, wenn der Druck durch einen Hebel oder eine Pumpe erzeugt wird.

Die erste Espressomaschine erfand der Ingenieur Luigi Bezzera, zusammen mit einem namentlich nicht bekannten Neapolitaner. Die Herren ärgerten sich über die Zeit, die die Kaffeezubereitung in Anspruch nahm, und 1855 stellte Bezzera einen Prototypen für eine schneller arbeitende Kaffeemaschine auf der Weltausstellung in Paris vor. Diese war aber erst 1901 so ausgereift, dass sie in den Handel gehen konnte. Die Bezzera-Maschine erhitzte das Wasser auf 90–94 °C und drückte es über einen manuell zu bedienenden Hebel oder eine Pumpe durch das Kaffeepulver. Der Espresso war erfunden – hatte jedoch noch eine fast schwarze Oberfläche. Die Crema »erfand« erst 1938 Achille Gaggia, der mit seiner Maschine den Druck so erhöhte, dass der Espresso eine Krone aus Schaum erhielt.

Der Ursprung des Wortes Espresso ist umstritten: Einige sind der Meinung, dass es auf ein italienisches Wort für »schnell« zurückgeht (das sich zum Beispiel auch in *treno espresso* für Eilzug findet), andere verweisen auf das italienische *pressione* für Druck. Als wahrscheinlichster Ursprung gilt die Tatsache, dass ein Espresso in der Bar *ausdrücklich* (ital. *espresso*) für den Gast zubereitet wird, der ihn gerade bestellt hat.

FEUERFESTES GLAS

In der *Historia Naturalis* Plinius' des Älteren (23–79 n. Chr.) ist überliefert, dass ein Glasbläser dem römischen Kaiser Tiberius unzerbrechliches (und somit wohl temperaturbeständiges) Glas präsentierte. Leider war der Kaiser der Ansicht, dass dieses Material Silber und Gold entwerten würde, und er ließ es zerstören. Auch das Rezept für Glas, bei dem es sich um Borosilikatglas gehandelt haben mag, ging verloren.

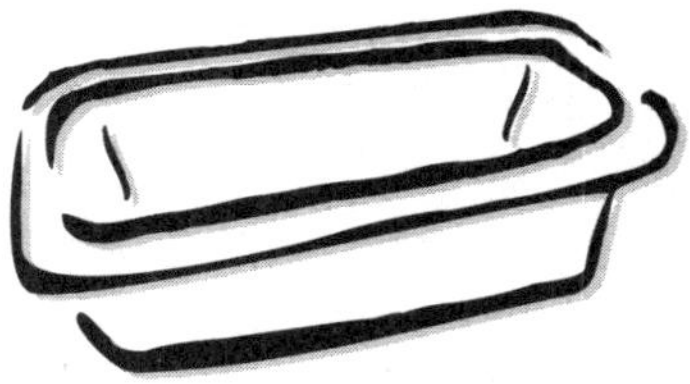

Erst 1887 stellte der deutsche Chemiker Otto Schott in Jena wieder ein gegen Hitze und Chemikalien unempfindliches Glas her, das Borosilikatglas. Schott hatte entdeckt, dass die Zugabe von Bor zu den üblichen Grundstoffen dazu führte, Glas gegen Temperaturschwankungen beständig zu machen – Boroxid hat einen geringeren Wärmeausdehnungskoeffizienten. Die Firma Schott war in den folgenden Jahrzehnten insbesondere mit der Herstellung von zig Millionen hitzebeständiger Lampengläser für Gas- und Petroleumlampen äußerst erfolgreich. Seit den 1920er Jahren wurde das feuerfeste Glas unter dem Markennamen Jenaer Glas vor allem für die Industrie, für Labore und für den Haushalt produziert. Bedeutende Designer der Zeit, unter anderem der Pionier des Industriedesigns Wilhelm Wagenfeld, trugen zur Popularität des Werkstoffes bei, wie auch die Werbekampagne, die der am Bauhaus tätige Maler und Designer László Moholy-Nagy durchführte. Bis 2005 wurde von der Schott AG Jenaer Glas in Jena produziert, 2006 erhielt die Zwiesel Kristallglas AG im Bayerischen Wald die Lizenz für die Herstellung. In den USA wurde 1915 die Firma Pyrex gegründet. Die Bezeichnung Pyrex ist im englischsprachigen Raum zum Synonym für feuerfestes Glas geworden.

DAS FEUERZEUG

Seit grauer Vorzeit hantieren die Menschen mit dem segensreichen, doch auch sehr gefährlichen Feuer. Und im Laufe der Zeit gab es zahlreiche Methoden, Feuer zu entfachen. Mit dem Feuerstein und den aneinanderzureibenden Stäbchen sind nur wenige davon genannt, doch waren sie alle mehr oder weniger mühsam. So machten sich die Forscher des 18. Jahrhunderts daran, eine Maschine zu konstruieren, die Feuer machen konnte. Und tatsächlich gelang die Erfindung des Feuerzeuges früher als die des Streichholzes.

Die ersten entstandenen Feuermaschinen hatten den Nachteil, dass sie gerne auch selbst gleich in Flammen aufgingen. Doch um 1780 erfand Johannes Fürstenberger ein Feuerzeug, das mit galvanischem Strom einen Funken erzeugte und, wenn es gut gearbeitet war, auch einigermaßen zuverlässig funktionierte.

Als noch besser erwies sich die Weiterentwicklung des Fürstenberger Feuerzeugs durch Johann Wolfgang Döbereiner. Dieses Platinfeuerzeug wurde um 1823 in Jena erstmals gebaut und bis etwa 1880 vertrieben. In ihm wurde durch Zink und Schwefelsäure Wasserstoff erzeugt, der durch eine Düse zu einem Platinschwamm geleitet wurde und diesen zum Glühen brachte. Es kam zu einer Knallgasreaktion, bei der sich der Wasserstoff entzündete. Durch einen Hebel und ein Ventil konnte diese Reaktion nach Belieben hervorgerufen und auch wieder beendet werden.

Heute versteht man unter einem Feuerzeug allgemein ein Taschenfeuerzeug. Ein solches wurde 1865 für die amerikanische Firma Repeating Light erstmals patentiert, doch erst Anfang des 20. Jahrhunderts setzte sich das praktische Kleingerät wirklich durch. Dem Österreicher Carl Auer von Welsbach gelang nämlich im Jahr 1903 die Erfindung eines neuartigen Feuersteins: Er entdeckte, dass eine Legierung aus Eisen und Cerium (das sogenannte Cer-Eisen) Funken erzeugt, wenn man sie an einem Rädchen reibt. Das auch als Auermetall bezeichnete Cer-Eisen wird bis heute für Einwegfeuerzeuge verwendet.

Etwa 1920 gelang es, sehr kleine Auermetall-Steine herzustellen, die in ihrer Größe von 5 mal 2,6 Millimetern den heute verwendeten entsprechen. Der entstandene Funke entzündet beim Benzinfeuerzeug einen Docht, der in ein Benzinreservoir hineinragt, und beim Luntenfeuerzeug eine salpetergetränkte Baumwoll-Lunte. Nach dem Zweiten Weltkrieg wurde bei vielen Feuerzeugen das Benzin durch Butan abgelöst.

Als »Kultfeuerzeug« gilt noch heute das 1932 von George Blaisdell in Pennsylvania entwickelte Benzinfeuerzeug Zippo. Blaisdell gestaltete das österreichische Sturmfeuerzeug Hurricane (ein Feuerzeug, das bei Wind und Wetter funktionierte) so um, dass es sowohl optimal zu bedienen als auch äußerst zuverlässig war und mit seinem rechteckigen Gehäuse auch gut aussah. Der Name Zippo geht auf den *zipper,* das englische Wort für Reißverschluss zurück, das Blaisdell gut gefiel und mit seiner lautmalerischen Komponente auch wirklich gut zum Feuerzeug passt. Das unverwüstliche Zippo gelangte mit den amerikanischen GIs im Zweiten Weltkrieg nach Europa.

DIE FRISCHHALTEFOLIE

Schon seit Jahrhunderten bewahren die Menschen Lebens- und Genussmittel nicht nur in Gefäßen auf – so gebrauchte man um die Wende zum 20. Jahrhundert mit Vorliebe Wachspapier, in den 1920er Jahren verbreitete sich das Cellophan und in den 1930er Jahren die Alufolie.

Und in dieser Zeit ereignete sich – wie bei vielen anderen Erfindungen und Entdeckungen – ein Zufall, der dazu führte, dass ein weiteres Verpackungsmaterial für Lebensmittel entstand: Im Jahr 1933 war es die Aufgabe des Studenten Ralph Wiley, im Labor der Firma Dow Chemical in Midland, Michigan sauberzumachen. Er entdeckte jedoch eine geheimnisvolle Substanz, die sich einfach nicht wegputzen ließ. Diese Substanz taufte Wiley »Eonit« – nach einem unzerstörbaren Material im damals belieben Comic *Die kleine Waise Annie* –, und er berichtete den Chemikern des Labors, was er entdeckt hatte. Die Forscher stellten fest, dass es sich bei »Eonit« um Polyvinylidenchlorid (PVdC) handelte, und erkannten auch bald, was für ein Potential sich dahinter verbarg. Sie produzierten eine dunkelgrüne Sprühfolie, die in den folgenden Jahren unter dem Markennamen Saran vor allem als Korrosionsschutz für Militärflugzeuge, die der Gischt des Meeres ausgesetzt waren, verwendet wurde.

Nach dem Zweiten Weltkrieg wurde die Folie von ihrer Farbe, ihrer noch etwas schmierigen Konsistenz und ihrem wenig appetitlichen Geruch befreit. 1947 wurde sie als Verpackung von Nahrungsmitteln für die Industrie und 1953 auch für den Haushalt zugelassen. Im angloamerikanischen Raum ist sie noch heute als SaranWrap zu kaufen, obschon inzwischen auch andere Frischhaltefolien aus PVC (Polyvinylchlorid) oder PE (Polyethylen) erhältlich sind.

DER GETRÄNKEKARTON

Milch, Saft und weitere Getränke wurden und werden in Glasflaschen verkauft oder geliefert – die zurückgegeben, gereinigt, wiederbefüllt und neu etikettiert werden müssen oder direkt in den Altglascontainer oder Hausmüll wandern. Auch ist Glas zerbrechlich. So machten sich im Laufe des 20. Jahrhunderts mehrere Erfinder daran, einen Getränkekarton zu entwickeln.

Bekannt und erfolgreich wurde in diesem Zusammenhang John Van Wormer aus Toledo im US-Bundesstaat Ohio, ein Spielzeugfabrikant, dem angeblich so manche Flasche aus den Händen glitt. Ihm wurde 1915 das Patent für einen imprägnierten Pappkarton für Milch erteilt. Für das Konstruieren der Maschinen, mit denen sich der Karton industriell herstellen ließ, benötigte Van Wormer einige weitere Jahre, doch in den 1920er Jahren konnte er mit dem Pure-Pak-Karton in Produktion gehen. In den 1950er Jahren stellten seine Werke 20 Millionen Milchkartons täglich her.

In Schweden und im übrigen Europa hat sich seit den 1950er Jahren der Tetra Pak für Getränke durchgesetzt. Dem schwedischen Chemiker Erik Wallenberg gelang es 1943, einen tetraederförmigen, auf spezielle Art beschichteten und versiegelten Karton für Milch zu entwickeln. Ultrahocherhitzte und unter aseptischen Bedingungen verpackte Milch kann in diesem Behältnis über mehrere Monate bei Raumtemperatur aufbewahrt werden. Mit seinem Ideengeber Ruben Rausing gründete Wallenberg die Firma Tetra Pak, die 1951 die Produktion aufnahm und inzwischen jedes Jahr mehrere zig Milliarden – großenteils quaderförmige – Kartons für Getränke und andere flüssige Nahrungsmittel herstellt.

DAS GUMMIBAND

Nachdem im 18. Jahrhundert der Kautschuk, der Milchsaft des Kautschukbaums, »entdeckt« worden war, der sich mit dem Festwerden in einen vielfach einsetzbaren elastischen Werkstoff verwandelte, und nachdem das von Charles Goodyear 1839 erfundene Verfahren der Vulkanisation (bei dem Kautschuk mit Schwefel unter Druck erhitzt wird) aus dem Kautschuk das haltbare Gummi gemacht hatte, wurden für das neue Material eine Unzahl von Anwendungsmöglichkeiten gesucht – und gefunden. Und noch heute erfreut sich das Gummiband großer Beliebtheit, das als Erfindung des Londoners Stephen Perry 1845 patentiert wurde.

Die Idee, eine elastische Schlinge zu produzieren, die sich um die unterschiedlichsten Dinge legen lässt und sich diesen anpasst, hatte bereits der britische Erfinder Thomas Hancock, der seine Vorform der Gummibänder 1823 auf einer Maschine herstellte, die er als Masticator bezeichnete. Doch da diese Bänder in der Zeit vor der Vulkanisation aus Kautschuk bestanden, waren sie sozusagen mit einem Verfallsdatum versehen. Der Erfindung war kein Erfolg beschieden.

Das Herstellungsverfahren der Gummibänder hat sich in mehr als 150 Jahren kaum geändert: Eine lange Gummiröhre wird in schmale Ringe geschnitten, ein einfaches, doch effektives Verfahren. Gummibänder bestehen im Übrigen vor allem aus natürlichem Gummi, da dieses stärker gedehnt werden kann als synthetisches Gummi. Ein alternatives, jedoch eher für den Hausgebrauch gedachtes Herstellungsverfahren besteht darin, ausgediente Fahrradschläuche in Ringe zu schneiden. Dies ergibt Gummibänder von hervorragender Qualität, die allerdings immer denselben Durchmesser aufweisen.

DIE ISOLIERKANNE

Die eigentlichen Erfinder der Isolierkanne hatten nicht die durchgefrorenen Menschen im Sinn, die sich mit einem heißen Tee erwärmen, und auch nicht gestresste Kellner und Hausfrauen, die nicht alle nasenlang Kaffee kochen möchten: Sowohl dem deutschen Physiker und Chemiker Adolf Ferdinand Weinhold als auch dem schottischen Physiker James Dewar ging es in den Jahren 1870 beziehungsweise 1890 darum, für Laborzwecke Substanzen wie flüssiges Gas bei konstant niedrigen Temperatur aufbewahren zu können.

Da die Mail-Order-Kataloge für den modernen Naturwissenschaftler damals kein entsprechendes Gefäß vorsahen, mussten sie es selbst erfinden, und dies gelang ihnen unabhängig voneinander. Beide schalteten die drei Arten der Verbreitung von Wärme aus: Ihre Isoliergefäße bestanden aus Glas, das die Wärmeleitung hindert, durch die Doppelwandigkeit wurde ein Vakuum erzeugt, das die Wärmeübertragung unterbricht, und durch eine Verspiegelung des Glases wurde die Wärmestrahlung verringert.

Auf die Idee, das von Dewar und Weinhold entwickelte Isoliergefäß für den Hausgebrauch nutzbar zu machen, kam jedoch erst der deutsche Erfinder und Glastechniker Reinhold Burger, dem das Dewar-Gefäß spätestens dann bekannt wurde, als er vom Eismaschinenhersteller Linde den Auftrag erhielt, Behälter zu entwickeln, in denen flüssige Luft transportiert werden konnte. Burger erkannte, dass ein solches Behältnis zum Kühlen oder Warmhalten auch für den Normalverbraucher interessant war, und er erweiterte es um einen Korkstopfen und einen Becher, der oben auf die Flasche gesteckt werden konnte. 1903 wurde Burgers neues Produkt vom Kaiserlichen Patentamt patentiert, 1904 wurde auch der Name Thermosflasche als geschütztes Warenzeichen eingetragen. Burger hatte sich nämlich Gedanken um einen Namen für seine Erfindung gemacht: Er schrieb einen Wettbewerb aus und wählte unter den vielen Vorschlägen die Bezeichnung »Thermos« (die auf dem griechischen Wort *therme* – Wärme – basiert).

1906 gründete Burger in Berlin die Thermos-GmbH, musste jedoch schnell erkennen, dass er sich nicht sonderlich gut als Kaufmann eignete. Aus diesem Grund verkaufte er sein Unternehmen inklusive des Thermos-Patents bereits drei Jahre später für 495.000 Reichsmark (damals eine sehr stattliche Summe) an die Charlottenburger Thermos-AG, die seit 1920 in Langewiesen, einem Glasbläserort in Thüringen, Thermosflaschen herstellte. Die Auslandsrechte gingen, ebenfalls 1909, an die American Thermos Bottle Company. Beide Firmen entwickelten sich zu erfolgreichen Industrieunternehmen – so erfolgreich, dass sich im deutschen wie im englischen Sprachraum der Markenname Thermos zum Synonym für die Isolierkanne oder -flasche entwickelt hat.

Weltweit erfreuten sich Thermosflaschen praktisch sofort großer Beliebtheit – ein besonderer Werbeeffekt war sicher, dass sie von den berühmten Polarforschern und Flugpionieren der damaligen Zeit mit Vorliebe genutzt wurden. In Großbritannien übernahm während des Zweiten Weltkriegs das Militär die Produktion von Thermosflaschen, da die Piloten der Royal Air Force Tausende von ihnen auf ihren nicht nur äußerst gefährlichen, sondern auch sehr kalten Flugeinsätze benötigten.

DER KAFFEEFILTER

Lange Zeit wurde der Genuss so mancher Tasse Kaffee durch den Kaffeesatz getrübt, der im Getränk herumschwamm – bis zu jenem Tag im Jahr 1908, an dem die Dresdener Hausfrau Melitta Bentz (1873–1950) auf die Idee kam, den Kaffee zu filtern. Frau Bentz entwendete aus den Schulheften ihrer Söhne einige Löschblätter, die sie auf den selbst durchlöcherten Boden eines Messingtopfes legte. Der Kaffee, den sie in den Topf goss, tropfte, vom Satz befreit, in ein Auffanggefäß. Der Kaffeefilter war erfunden. Ob die Söhne angesichts ihrer dezimierten Schulhefte protestierten, wissen wir nicht, bekannt ist jedoch, dass der Kaffee ohne Satz die Kaffeeliebhaber begeisterte und Melitta Bentz das Potential ihrer einfachen Idee erahnte. Schon im Juni des Jahres erteilte das Kaiserliche Patentamt in Berlin Gebrauchsmusterschutz für den Kaffeefilter, und kurz vor Weihnachten wurde die Firma Melitta in das Handelsregister eingetragen. Das Eigenkapital betrug 73 Pfennige.

Das bentzsche Familienunternehmen – dessen erste Mitarbeiter Melitta Bentz' Ehemann Hugo und die Söhne Willi und Horst waren – expandierte schnell, nachdem es 1910 auf der Internationalen Hygieneausstellung in Dresden Silber- und Goldmedaillen gewonnen hatte, und beschäftigte im Jahr 1927 bereits 80 Arbeiter. Nach mehreren Umzügen fand man in der Hauptstadt Sachsens keine geeignete Produktionsstätte mehr, und so zog das Unternehmen nach Minden in Ostwestfalen um. Hier befindet sich noch heute der Firmensitz der inzwischen von den Enkeln geleiteten Melitta Unternehmensgruppe Bentz KG, die schon lange nicht mehr ausschließlich Kaffeefilter produziert und 3300 Menschen Arbeit bietet.

DAS KLEBEBAND

Auch das Klebeband, das wir heute meistens mit seinem Markennamen tesafilm bezeichnen, gehört in die Reihe der unbeabsichtigten Erfindungen: Eigentlich wollte der Apotheker Oscar Troplowitz nach der Übernahme des Labors seines Kollegen Beiersdorf 1890 in Hamburg ein hautfreundliches und zugleich gut klebendes Wundpflaster aus Kautschuk entwickeln, doch klebte dies so gut an der Haut fest, dass es das Prädikat »hautfreundlich« ganz und gar nicht verdiente. Von der Klebewirkung beeindruckt, kam Troplowitz auf den Gedanken, dass das Pflaster vielleicht zu etwas anderem gut sein könnte. Er vermarktete den Kautschuk-Klebefilm unter dem Namen Citoplast als Flicken für Fahrradschläuche. Obwohl Citoplast später den schneidigeren Namen Lassoband erhielt, dümpelte der Vertrieb vor sich hin, musste das Produkt doch eigens bei der Firma Beiersdorf bestellt werden.

Erst 1934 gelang es dem Beiersdorf-Angestellten Hugo Kirchberg, dem Klebeband neues Leben einzuhauchen: Kirchberg war während der Weltwirtschaftkrise durch den Konkurs eines Unternehmens für Bürobedarf arbeitslos geworden, hatte jedoch bei Beiersdorf eine neue Stelle gefunden. Er erkannte, welches Potential im Lassoband steckte. Zuerst musste der mangelhaften Vertriebsstruktur abgeholfen werden: Das Band sollte nicht auf Kundenwunsch zugeschnitten und verschickt werden, sondern in bestimmten Rollenlängen sofort im Geschäft erhältlich sein. Inzwischen war es durchsichtig, und nicht zuletzt bestand Kirchberg auf einem neuen Namen. Hier fiel ihm der Markenname tesa ins Auge, für den um die Jahrhundertwende die Sekretärin Elsa Tesmer Pate gestanden hatte – damals war die Schreibstube beauftragt worden, Produktnamen vorzuschlagen. Der Name war 1896 für eine Zahnpasta und 1926 für eine Wurstpellen-Tauchmasse eingesetzt worden, doch offensichtlich war Kirchberg der Ansicht, dass die Erfolglosigkeit dieser Produkte nicht auf den Namen zurückzuführen war. Er setzte ihn für sein Klebeband ein, das er in den 1930er Jahren als, laut der Werbung, »zum Kleben, Flicken, Basteln« universal einsetzbar zusammen mit dem tesa-Tischabroller und mit großem Erfolg auf den Markt brachte. Aus dem Beiersdorf-Kautschuk-Klebefilm wurde 1936 tesa-Klebefilm und schließlich tesafilm. Mit »tesa (k)lebt's sich leichter« lautete ein weiterer Werbeslogan. Tesa wurde bald zum Oberbegriff für alle Beiersdorf-Klebebänder, und inzwischen finden sich mehr als 6000 tesa-Erzeugnisse auf dem Markt. Seit 2001 gibt es die tesa AG, eine Ausgründung aus der Beiersdorf AG.

Ein weiterer Zufallsfund war, als 1998 der Physiker Steffen Noethe und der Physik-Diplomand Matthias Gerspach entdeckten, dass sich tesafilm auch als Datenspeicher verwenden lässt – ein Verfahren, das die Forscher in Zusammenarbeit mit der tesa AG weiterentwickelten. So dient der Klebestreifen heute auch der Bekämpfung der Produktpiraterie.

Etwa zur selben Zeit, in der sich tesafilm in den 1930er und 1940er Jahren auf dem deutschen Markt durchsetzte, wurde in Großbritannien das Klebeband Sellotape von Colin Kininmonth und George Gray erfunden und vermarktet, und in den USA brachte die Firma 3M das 3M-Klebeband (Scotch Tape) des Produktentwicklers Richard Drew auf den Markt.

DIE KONSERVENDOSE

»Eine Armee marschiert auf ihrem Magen«, hatte Napoleon gesagt, als er feststellte, dass mehr französische Soldaten durch Hunger und Mangelernährung ums Leben kamen als in Kampfhandlungen. Um den Erfolg von Napoleons Eroberungsfeldzügen und der nationalen Kolonialpolitik zu gewährleisten, setzte die französische Regierung 1795 einen Preis von 12.000 Francs für eine Erfindung aus, mit der man Nahrungsmittel haltbar machen und über lange Strecken transportieren konnte.

15 Jahre später, 1810, konnte der französische Koch, Konditor und Erfinder François Nicolas Appert den Preis aus den Händen Napoleons, der inzwischen zum französischen Kaiser gekrönt worden war, in Empfang nehmen. Appert hatte das Verfahren erfunden, das heute als Einwecken bekannt ist – er kochte die Nahrungsmittel, füllte sie in Flaschen, die er verkorkte und in kochendes Wasser gab. Lange vor Pasteurs Erkenntnissen ging er davon aus, dass Nahrungsmittel durch den Kontakt mit Luft schlecht werden und dass sich die Luft durch das Erhitzen der Gläser beseitigen lässt.

Apperts Verfahren funktionierte, wie Napoleons Marine anhand von in Glasbehältern eingemachten Fasanen, Gemüsen und Saucen feststellte. Bereits 1804 hatte Appert eine erste Konservenfabrik gegründet. Sein 1810 erschienenes Buch *Livre de tous les menages ou l'art de conserver* (deutsch 1822 unter dem Titel *Die Kunst, alle animalischen und vegetabilischen Substanzen mehrere Jahre zu erhalten*) wurde zu einem Bestseller. Die hierin dargelegten Ideen Apperts wurden von seinem nach England ausgewanderten Landsmann Pierre (oder Peter) Durand weiterentwickelt. Noch im Jahr 1810 sicherte sich dieser ein königliches Patent für das Verfahren, Nahrungsmittel in »Gefäßen aus Glas, Ton, Zinn oder anderen Metallen und geeigneten Materialien« haltbar zu machen, und fertigte zylinderförmige Behälter aus Eisen mit einer inneren Zinnschicht an, die innen nicht rosteten und zudem wesentlich leichter zu transportieren waren als die zerbrechlichen verkorkten Glasgefäße. Die Konservendose war erfunden.

Sein Patent verkaufte Durand an die Engländer Bryan Donkin und John Hall, die 1812 in Bermondsey die erste Konservenfabrik eröffneten. Schon im Jahr darauf trugen ihre Konservendosen dazu bei, die britische Armee und Marine bei Kräften zu halten. Allein die Marine wurde in den ersten Jahren der Fabrikgeschichte mit 24.000 Konservendosen pro Jahr beliefert – was zahlreichen Matrosen das Leben rettete: Sie hatten sich zuvor hauptsächlich durch gepökelte Nahrungsmittel ernährt, wobei das Pökelsalz den Mineralstoff- und Vitaminverlust nach sich zog, aufgrund dessen die Matrosen unter anderem an Skorbut litten und starben. Konservendosen hingegen bewahren den Geschmack wie die Vitamine und Mineralstoffe für Jahre. Ihr einziger Nachteil war für lange Zeit, dass sie nur mit Mühe zu öffnen waren. 1824 wurde den Konservendosen, die der Polarforscher William Edward Parry mit auf seine Expedition nahm, die Gebrauchsanweisung beigelegt »oben mit Hammer und Meißel zu öffnen.« Erst die Erfindung des Dosenöffners in den 1850er Jahren schuf Abhilfe.

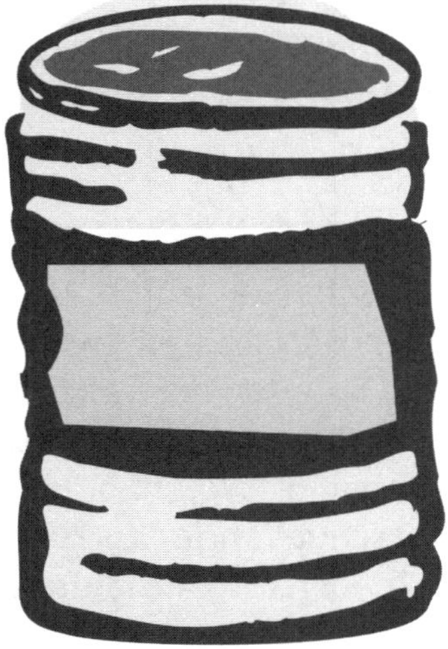

Heute bestehen Konservendosen aus leichtem, mit dem Dosenöffner gut zu schneidenden Weißblech und sind innen häufig mit einem geschmacksneutralen, säurebeständigen und rostresistenten Kunststoffüberzug versehen.

DER KORKEN UND DER KORKENZIEHER

Schon seit dem 2. Jahrhundert n. Chr. wird Kork aus der Rinde der Korkeiche als Werkstoff eingesetzt – doch als Flaschenverschluss verwendete man ihn vor dem ausgehenden 17. Jahrhundert nur selten. Die enghalsigen antiken Amphoren wurden nur selten mit Kork, häufiger mit verklebten Tonpfropfen geschlossen, und für Weinflaschen bediente man sich über viele Jahrhunderte hinweg Holzstopfen, die in Öl getaucht und mit Hanf umwickelt wurden. Es ist zu berücksichtigen, dass Wein und Schaumwein lange Zeit für den baldigen Gebrauch produziert wurden und man erst Ende des 17. Jahrhunderts entdeckte, dass der Wein im Fass durch die Zugabe von etwas Schwefel haltbar gemacht werden konnte. Hieraus entwickelten die Weinhändler des Bordelais die Kunst, Wein im Fass auszubauen und danach in – damals erst üblich werdende – Glasflaschen abzufüllen. Der Wein gewann durch die nun mögliche Alterung an Qualität, und im 18. Jahrhundert stieg die Nachfrage nach guten Weinen im Ausland und vor allem in England rapide. Doch wie verschloss man die Flaschen für den weiten Transport?

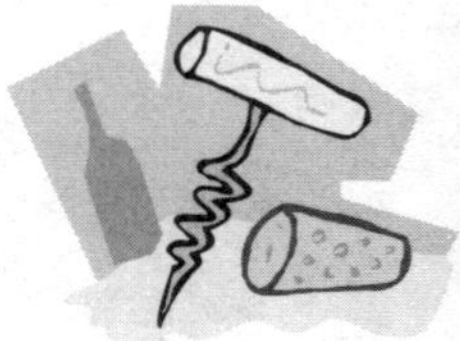

Bereits 1680 war der Benediktinermönch Pierre Pérignon auf den Gedanken gekommen, Korkpfropfen als Flaschenverschluss zu verwenden. Ihm war aufgefallen, dass sich Holzstopfen beim Transport aus Sektflaschen lösten. Schon bald nahmen die französischen Champagnerhersteller Pérignons Vorschlag auf. Im Laufe des 18. Jahrhunderts führte die Ausweitung des Weinhandels dazu, dass sich der die Flaschen fest verschließende Korken durchsetzte, schützte dieser den Wein doch vor Luft, Auslaufen und Verunreinigungen.

Schon als der Korken im 18. Jahrhundert populär wurde, machten sich viele Weinkenner Gedanken, wie man ihn, der unter Druck in die Flasche hineingelangt war und sich dort ein wenig »ausgebreitet« hatte, am besten wieder entfernen könnte. Wer genau den Korkenzieher »erfand«, ist nicht zu sagen, doch entwickelte sich schnell eine durchaus funktionierende Vorform, indem man einen Metallstab in eine Spiralform brachte und oben mit einem waagerechten oder ösenförmigen Griff versah. Als Inspirationsquelle könnte ein Werkzeug gedient haben, mit dem man mithilfe einer Spirale steckengebliebene Kugeln aus Gewehrläufen entfernte.

Doch waren der Fantasie der Weinliebhaber – oder der Erfinder, die sich den Wünschen der wachsenden Zahl repräsentationsbewusster Weinliebhaber annahmen – keine Grenzen gesetzt. Man experimentierte mit den unterschiedlichsten Spiralformen und -schärfen, und schon bald entdeckte man, dass sich der Korken am besten aus der Flasche ziehen lässt, wenn die Spirale des Korkenziehers eine sogenannte Seele hat. Auch entwickelte man den Federzungen-Korkenzieher: Zwei Metall-Laschen werden zwischen Korken und Glas des Flaschenhalses getrieben, sodass der Korken in einem Stück herausgezogen werden kann.

1883 erhielt der Deutsche Carl F. A. Weinke – nomen est omen – ein Patent auf das sogenannte Kellnermesser, den Korkenzieher-Typen, der noch heute in der Gastronomie vorherrscht. Mit einem kleinen integrierten Messer wird die Kapsel des Weines durchtrennt und entfernt, die Spindel des Korkenziehers wird eingedreht, und ein Hebel (gegebenenfalls mit Gelenk für die langen Korken guter Weine) dient dazu, den Korken sicher und ohne Kraftaufwand aus der Flasche hinauszuziehen. Besonders elegant ausgeführt sind die ebenfalls auf dem Prinzip des Kellnermessers beruhenden Sommeliermesser.

DER KRONKORKEN

Zwar hatte der Korken aus der Rinde der Korkeiche die Transport- und Konservierungsprobleme einer Vielzahl von Getränken gelöst, doch erwies er sich bei einer Anzahl von kohlensäurehaltigen Getränken – Bier, Softdrinks und auch Champagner – als nicht ausreichend sicher. 1880 begann William Painter, ein amerikanischer Erfinder und Mitarbeiter der Maschinenfabrik Murrill & Keizer in Baltimore, mit Verschlusskapseln für Flaschen kohlensäurehaltiger Getränke zu experimentieren. Schließlich konnte er 1891 einen Einweg-Verschluss patentieren lassen, den er als »crown cork«, als Kronkorken, bezeichnete.

Es handelte sich um einen Metalldeckel, der maschinell über einen Wulst am oberen Flaschenhals gebogen wurde, wodurch sich am Rand an eine Krone erinnernde Zacken ergaben. An der Unterseite des Kronkorkens war damals noch eine Korkscheibe angebracht, die Painter aus Hygienegründen für erforderlich hielt und die heute meist durch eine Plastikschicht ersetzt ist. Painter hatte auch Maschinen zur Kronkorkenproduktion und -montage entwickelt (interessanterweise sah er aber noch die Spitzen von Korkenziehern und Löffelgriffe als Flaschenöffner vor), und so konnte 1893 die noch heute erfolgreiche Crown Cork and Seal Company in Baltimore ihre Arbeit aufnehmen. Der Kronkorken wurde in der ersten Zeit in den USA vor allem für Bierflaschen eingesetzt und löste den aufwendiger herzustellenden und anzubringenden Bügelverschluss ab. Kronkorken verschiedener Marken haben sich zum Sammlerobjekt entwickelt, ferner können sie als Spielsteine eingesetzt werden – zum Beispiel für das in Schulpausen praktizierte Spiel Englisch Fußball.

DIE MATRATZE

Zwar ist die Matratze längst nicht so alt wie das menschliche Schlafbedürfnis, doch legten schon die Griechen und Römer, die – im Gegensatz zu den noch auf harten Unterlagen schlafenden Sumerern und Ägyptern – Wert auf Schlafkomfort. Sie versahen ihre Bettgestelle mit einem Flechtwerk aus Gurten – der Vorform des Lattenrostes –, auf das sie mit Schilf, Stroh, Wolle oder Federn gefüllte flache Säcke legten, die bei den Römern als *culcita* oder *torus* bezeichnet wurden.

Während im europäischen Mittelalter wieder Abstriche in puncto Schlafkomfort gemacht wurden, gelangte im 12./13. Jahrhundert durch die intensiver werdende Bekanntschaft mit der arabischen Welt, die unter anderem durch die Kreuzritter bedingt war, die Matratze wieder nach Europa. Aus dem arabischen Wort *matrah* (was in etwa Bodenkissen bedeutet) entwickelte sich die italienische Bezeichnung *materazzo,* die in zahlreiche europäische Sprachen übertragen wurde. Und nicht nur das Wort, auch die Matratze selbst gelangte aus dem Orient an den Hof Kaiser Friedrichs II. in Sizilien und von dort ins weitere Europa.

Allerdings tat sich im Hinblick auf die Bettentechnologie noch einige Jahrhunderte herzlich wenig: Die ärmeren Bevölkerungsschichten betteten sich auf Stroh auf einer harten Unterlage, der Oberklasse waren Bettgestelle mit Spannsystemen aus Gurten oder Schnur vorbehalten, auf die Matratzen mit weicheren Füllstoffen gelegt wurden. Diese Betten hingen, wenn die Spannkraft ihrer Unterlage nachließ, mehr und

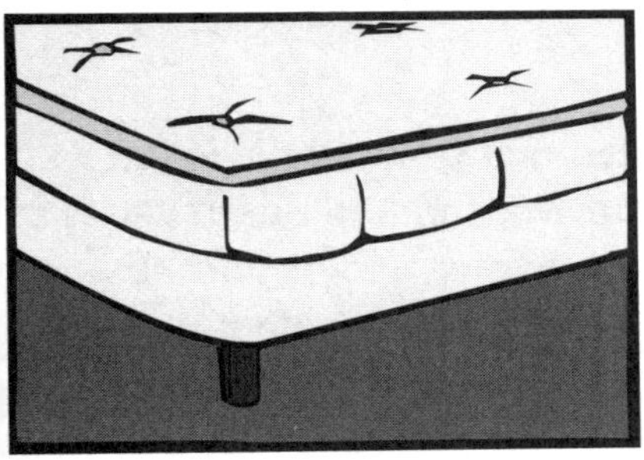

mehr durch, woraus sich vermutlich die Redewendung »fest schlafen« ergeben hat. Lange Zeit enthielten alle Matratzen zwangsläufig Material, das anfällig für Ungeziefer war. So wurde ihre Füllung häufig herausgenommen, um sie zu lüften oder zu trocknen, und wieder hineingestopft – das Bett wurde »gemacht«. Lediglich im Frankreich der Renaissance scheint man auf die gute Idee gekommen zu sein, gewachste Leinwandsäcke aufzublasen und so eine Frühform der Luftmatratze zu entwickeln.

Nachhaltig veränderten sich die Bettsysteme erst im Laufe des 19. Jahrhunderts, als die Industrie in der Lage war, Stahlfedern für Bettgestelle und die ersten Federkernmatratzen zu produzieren. Dieser Matratzentypus hat den Vorteil, eindringende Feuchtigkeit wieder nach außen abzugeben und ist somit hygienischer. Im Laufe der Zeit wurde die Federkernmatratze – von seinen Frühformen bis zur komfortablen Tonnentaschenfederkernmatratze – immer weiter verbessert. Ab Ende des 19. Jahrhundert waren es häufig Sattler, die dreiteilige Matratzen (unter anderem mit Rosshaar) herstellten. Diese mehrteiligen Matratzen waren bis nach der Mitte des 20. Jahrhunderts populär. Nach dem Zweiten Weltkrieg wurden immer höhere Ansprüche an die Matratze gestellt. Zur Federkernmatratze mit ihrem Innenleben aus Baumwolle, Schurwolle, Rosshaar und anderen Füllstoffen gesellten sich Matratzen aus neuen Materialien wie Latex und PUR-Kaltschaum, die einen großen Marktanteil erobert haben.

Nach wie vor gilt, dass man eine Matratze nicht für die Ewigkeit erwirbt: Selbst Matratzen, die gut gepflegt werden und deren Lattenrost optimal eingestellt ist, sollten aus hygienischen und aus Gründen der Rückenfreundlichkeit nach etwa zwölf Jahren ausgetauscht werden. Und wer weiß: Vielleicht gibt es dann ja eine noch komfortablere Matratze.

DIE MAUSEFALLE

Wo Menschen wohnen, gibt es (häufig) auch Mäuse. Doch nicht immer und überall konnte oder kann man auf die Katze zurückgreifen, um den kleinen Nagern den Garaus zu machen. Seit dem 19. Jahrhundert kommen aus diesem Grund verstärkt Mausefallen zum Einsatz. Lange Zeit experimentierte man mit unterschiedlichsten Drahtkorbkonstruktionen, in die man die Tiere lockte, mit mehr oder minder großem Erfolg. Erst 1899 wurde in Großbritannien die »klassische Mausefalle« patentiert, die Schlagfalle von James Henry Atkinson, eines Erfinders, der, wie an mehreren Mausefallen-Patenten zu ersehen ist, offenbar einen besonderen Ehrgeiz für das Fangen von Mäusen entwickelt hatte.

Zunächst verwendete Atkinson keinen Köder, die Falle wurde ausgelöst, wenn die Maus (oder Ratte) über sie lief. Bei seiner patentierten klassischen Schlagfalle handelt es sich jedoch um eine Köderkonstruktion. Wenn die Maus den Köder berührt, drückt sie zugleich ein kleines Stück Holz herunter und löst so die starke Feder der Falle aus. Diese schnellt nach vorne und bricht der Maus das Genick. Da das Tier jedoch nicht immer schnell und ohne Schmerzen getötet wird, empfehlen Tierschützer Lebendfallen in Form eines Käfigs, der sich, wenn die Maus hineingelaufen ist, von selbst verschließt. Um der Maus einen Herzinfarkt zu ersparen, sollte man sie danach möglichst schnell freilassen.

Dem klassischen Stück Käse zieht die Maus im Übrigen gebratenen Speck oder Süßes wie einen Klecks Nougatcreme vor. Gute Ergebnisse erhält man auch mit geriebenem Parmesan, an den der Nager nahe heranmuss – eine angemessene Henkersmahlzeit für die Gourmetmaus, die diese jedoch nicht mehr in Ruhe genießen kann.

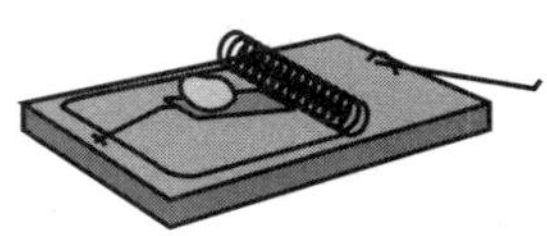

DIE PAPIERTÜTE

Verfolgt man die Herkunft des Wortes Tüte, kommt man schon bald auf das niederdeutsche Wort *tute* (Horn) und die hierzu gehörige Dreiecksform. Und so wiesen Tüten lange Zeit auch eine solche spitze Form auf. Spitztüten sind einfach herzustellen, da sie, aus Blättern oder später aus Papier, einfach gerollt und an den Seiten zusammengeklebt werden.

Es scheint bis ins 19. Jahrhundert nicht üblich gewesen zu sein, für diese Tüten eigens Papier herzustellen, vielmehr wurde mit ihnen bereits benutztes Papier recycelt. Hierauf mag ein Zitat aus einer Streitschrift von 1555 hinweisen, das besagt: »Wenn gleich die Heilige Schrift sonst nirgendts zu diente, so ist sie doch darzu gutt, daß man aus den Blettern darauff sie geschrieben ist, Teutichen mache und Pfeffer oder andere Würtze darein thut.« 1853 eröffnete Gumpert Bodenheim im hessischen Allendorf die erste deutsche Tütenfabrik, als deren Rohmaterial noch bis 1871 aus Archiven ausgemusterte Akten dienten. Diese mehr oder weniger kleinen Dreieckstüten kamen – zu Zeiten, als Artikel wie Schrauben oder Süßwaren und Nahrungsmittel wie Zucker oder Mehl noch abgezählt oder abgewogen wurden – extrem häufig zum Einsatz. Noch heute trägt man in ihnen Obst nach Hause.

Im 19. Jahrhundert ereignete sich etwas, das man als »Revolution der Papiertüte« bezeichnen kann: Die Tüte mit rechteckigem Boden wurde erfunden. Diese Tüte kann nicht nur von selbst stehen, sie hat auch eine ergonomischere Form und bietet durch ihre Tiefe auch weniger kleinteiligen Gegenständen Platz. Diese Stand-Papiertüte wurde in den 1860er Jahren von Luther Childs Crowell aus Boston erfunden und 1867, wie auch die entsprechende Maschine zu ihrer Herstellung, patentiert. Crowell interessierte sich seit seiner Kindheit für Papier und probierte immer neue Falttechniken aus – er entwickelte zudem Methoden, Zeitungen zusammenzulegen und zu verpacken. Für seine Papiertüte wurde ein Streifen Papier zu einer rechteckigen Röhre geformt, die unten zu einem verstärkten Boden zusammengeklebt wurde und an den Seiten eine Mittelfaltung aufwies, durch die sich die Tüte zusammenlegen ließ.

Eine einfache, aber geniale Idee – was sich auch darin zeigt, dass dieser Tütentypus sich noch heute überall wiederfindet, von der Papiertragetasche über den Versandbeutel-Briefumschlag bis zum Teefilter mit Bodenfalte. In den USA werden, anders als in Europa, noch heute vorzugsweise große Papiertüten anstelle von Tragetaschen für den Transport von Lebensmitteln verwendet.

Auch in Europa setzten sich die Papiertüten mit rechteckigem Boden bald durch. Seit 1901 wurde in Deutschland die sogenannte Klotzbodenbeutelmaschine für ihre Herstellung eingesetzt, die den Boden der Tüte nach Art einer Briefumschlag-Rückseite zusammenlegt. Schon bald verwendeten zahlreiche Händler diese Art von Papiertüte als Werbeträger, und durch die Hinzufügung von Griffen aus Papier entstand die Papiertragetasche, der seit den 1960er Jahren jedoch die Tragetasche aus Plastik den Rang abgelaufen hat.

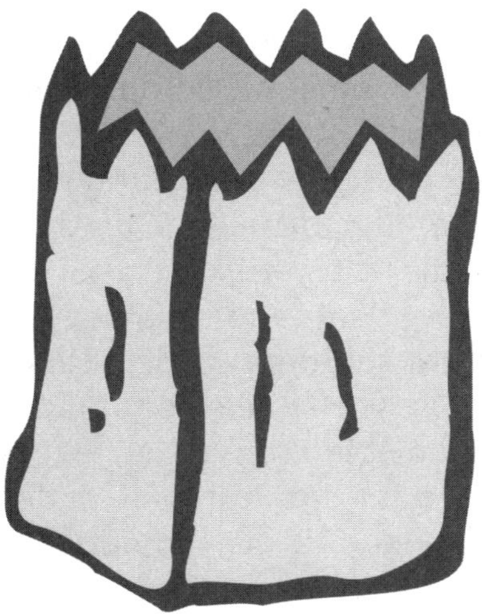

DIE PFEFFERMÜHLE

Seit vorgeschichtlichen Zeiten mahlen die Menschen Lebensmittel. In größeren Mengen benötigtes Getreide wird zwischen Mahlsteinen zerrieben, für kleinere Mengen Mahlgut wie Gewürze verwendete man von der Urzeit bis zum 19. Jahrhundert Mörser und Stößel. Auch heute leistet ein Mörser noch gute Dienste (zum Beispiel beim Zerstoßen von Pimentkörnern), doch verspürt man schon bald in Arm und Handgelenk, welch eine ermüdende Arbeit das Mahlen per Muskelkraft ist. Hier schafft die Pfeffermühle Abhilfe. Doch obwohl seit etwa 1600 in Europa immer ausgefeiltere Apparaturen zum Mahlen von Kaffee entwickelt wurden, kam die Pfeffermühle erst in der Mitte des 19. Jahrhunderts auf.

Ausschlaggebend für diese späte Entstehung der Pfeffermühle ist vermutlich, dass erst zu diesem Zeitpunkt der Pfeffer zum allgemein verwendeten Gewürz wurde. Lange Zeit war er ungeheuer teuer, er wurde sogar mit Gold aufgewogen, und reiche Kaufleute bezeichnete man als Pfeffersäcke. Das Gefälle von Angebot und Nachfrage war enorm, hatte Pfeffer doch eine mit europäischen Kräutern und Gewürzen nicht vergleichbare starke Würzkraft und galt als Heilmittel. So konnte er durch seine antimikrobiellen Wirkstoffe fast verdorbenes Fleisch wieder genießbar machen. Der Begehrtheit des Pfeffers standen die Schwierigkeiten bei seiner Beschaffung entgegen: Er musste auf dem Land- oder Seeweg aus dem Süden Indiens nach Europa transportiert werden. Lange Zeit hatten die Venezianer das europäische Handelsmonopol auf Pfeffer inne, und der Zugang zu den Gebieten, wo der Pfeffer wächst, war einer der Hauptgründe, dass die Portugiesen den Seeweg nach Indien suchten – und fanden. Als die südindischen Pfefferhäfen 1661–1663 von den Portugiesen an die Niederländer fielen, begann sich der Pfeffer stärker in Europa zu verbreiten, doch erst im 19. Jahrhundert wurde er auch für weniger begüterte Personen erschwinglich.

So musste der Verbraucher bis 1842 auf die Pfeffermühle warten, die in diesem Jahr, wahrscheinlich durch die französische Wagen- und Werkzeugfirma Peugeot, erstmals hergestellt wurde. Peugeot hatte sich schon vorher unter anderem in der Produktion von Kaffeemühlen hervorgetan, und das Prinzip des mit einer Drehvorrichtung verbundenen Mahlwerks musste nur auf die Pfeffermühle übertragen werden.

Pfeffermühlen verfügen – damals wie heute – über ein Kegelmahlwerk aus Edelstahl oder Keramik. Der Pfeffer wird durch das Drehen am Oberteil der Pfeffermühle, das eine lange Schraube mit dem Mahlwerk unten im Gerät verbindet, ohne körperliche Anstrengung von Koch oder Köchin feinkörnig zerrieben. Ein oben auf der Mühle angebrachter Knopf dient dazu, die gewünschte Körnung einzustellen. Noch heute wird ein guter Teil der Mahlwerke von Qualitätspfeffermühlen von Peugeot hergestellt. Weniger empfehlenswert, da weniger haltbar, sind Mahlwerke aus Plastik, die allenfalls langlebig genug für Einweg-Pfeffermühlen sind. Diese finden sich nur selten im deutschen Handel, gehören jedoch zum Standardprogramm französischer Supermärkte. Und der Pfeffer aus ihnen ist allemal besser als abgepackter, in kommerziellen Gewürzmühlen gemahlener Pfeffer, der schnell an Aroma verliert.

Neben der Pfeffermühle für den Gebrauch in der Küche erfreut sich in manchen Haushalten und Restaurants auch die Tisch-Pfeffermühle einer gewissen Beliebtheit – ein Utensil, das in der eher designorientierten Gastronomie überproportionale Größe annehmen kann.

DIE PLASTIKTÜTE

Hergestellt werden Plastiktüten aus den Kunststoffen Polyethylen (PE) und Polypropylen (PP), die durch zahlreiche chemische Reaktionen in den meisten Fällen aus Erdöl gewonnen werden. Polyethylen wurde bereits 1898 durch den Chemiker Hans von Pechmann entdeckt und 1933 erstmals in einem britischen Labor hergestellt, doch erst 1940 wurde die Produktion wirtschaftlich rentabel. 1951 erzeugte Karl Rehn in den Farbwerken Hoechst erstmals Polypropylen (gleichzeitig gelang dies auch den US-Forschern John Paul Hogan und Robert Banks). Doch erst mithilfe des 1953 entwickelten Ziegler-Natta-Katalysators von Karl Ziegler und Giulio Natta konnte die Polymerisation beider Kunststoffe (die chemische Umwandlung von Monomeren zu den langkettigen Polymeren) auch unter Normaldruck stattfinden.

Noch in den 1950er Jahren machte die Produktion von unterschiedlichsten Plastikfolien rasante Fortschritte. Eines der bekanntesten Alltagserzeugnisse aus diesen Folien ist der Plastikbeutel, der gegenüber seinem Pendant aus Papier den Vorteil hat, reißfest, wasserdicht und langlebig zu sein. Der Plastikbeutel als Einweg-Einkaufsbeutel wurde in Deutschland 1953 eingeführt – zur Zeit des deutschen Wirtschaftswunders, in der sich die Gesellschaft zur Konsumgesellschaft zu entwickeln begann.

Erst Ende der 1950er Jahre erhielten die Plastikbeutel einen Griff. Sie machten so zunehmend der Tragetasche aus Papier Konkurrenz, die sie in den 1960er Jahren an Beliebtheit überflügelten.

Eine Studie aus den 1970er Jahren ergab, dass das Angebot einer geeigneten Plastiktragetasche in einem Geschäft jeden Kunden sage und schreibe 21 Prozent mehr kaufen ließ. Attraktiv ist für die Geschäftsinhaber natürlich vor allem, dass sich die Tragetasche als Werbeträger nutzen lässt und sich mit dem richtigen Design auch die gewünschten Zielgruppen von Kunden angesprochen fühlen. Die Tragetaschen von Nobelmarken dienen prestigebedürftigen Personen sogar als Statussymbol.

Auch unternahm die Tragetasche Ausflüge in die Welt der Kunst: Die auf der *documenta* von 1972 handsignierte und versteigerte *Trage-Tasche* von Joseph Beuys ist inzwischen ein Sammlerobjekt; und Künstler, die wie Andy Warhol und Roy Lichtenstein die Konsumgesellschaft thematisierten, schufen Tragetaschen aus Plastik. Hier und auch in ihrer alltagsgeschichtlichen Bedeutung – durch ihre vielfältigen Verwendungsmöglichkeiten vom Transportbehältnis für nasse Badeanzüge über den Müllbeutel bis zur Rodelunterlage und nicht zuletzt ihre Entdeckung als Sammlerobjekt – wird die Tragetasche wirklich interessant.

Doch seit der legendären Jute-statt-Plastik-Kampagne der 1970er Jahre wird das Bewusstsein immer größer, dass die inflationäre Verteilung der Tragetasche gravierende Nachteile mit sich bringt: Angesichts der verwendeten Rohstoffe und des anfallenden, nur aufwendig zu recycelnden und langlebigen Plastikmülls ist fraglich, ob Tüten aus Plastik wirklich eine zu begrüßende Erfindung darstellten. Und zumindest die Plastik-Tragetasche in ihrer eigentlichen Funktion als Einkaufshilfe ist durch das Vorhandensein zahlreicher anderer Arten von Taschen relativ entbehrlich.

DER PÜMPEL

Wenn der Abfluss mal verstopft ist ..., erspart der Pümpel im Haus den Klempner. Für jeden Bewohner alter oder aus sonstigen Gründen mit nicht ganz »durchlässigen« Abwasserleitungen ausgestatteter Gebäude gehört die praktische Gummisaugglocke mit Holzstil unbedingt auf die Liste der wahrlich großen Erfindungen. Durch einfaches Aufsetzen der häufig in einem farbenfrohen Rot oder Orange gefärbten Saugglocke auf den verstopften Abfluss und energisches Auf- und Abbewegen des Stils lässt sich so manches entscheidende Problem lösen.

Leider lässt sich trotz intensiven Recherchierens kaum Verlässliches zur Geschichte des Pümpels in Erfahrung bringen. Auf eine Spur führt allein die österreichische Bezeichnung Saug-Hektor: Angeblich wurde das Gerät nach seinem ersten Hersteller, einem Herrn Hektor, benannt. Umso interessanter ist, dass sich, wie umfangreiche Nachforschungen im Freundeskreis und im Internet belegen, im Pümpel wie kaum in einem weiteren Gegenstand die ungeheure Vielfältigkeit der deutschen Sprache widerspiegelt. Während das Wort Pümpel vor allem im norddeutschen Raum anzutreffen ist, finden sich hier und in anderen deutschsprachigen Regionen eine schier unendliche Anzahl von Begriffen: Hierzu gehören die Worte Drempel, Hebamme, Klostampfer, Pömpel, Pumpfix, Steßl, Stässl, Stößel, Stampfer, Saugglocke, Saug-Hektor, Zuzler – um nur einige wenige zu nennen.

Auch ist der Pümpel zu einem Kultobjekt des Alltags avanciert, was zahlreiche Kunstwerke eindrucksvoll belegten. Und nicht zuletzt: Auf unablässiges Betreiben des Vereins der Pümpelfreunde in Hannover wurde das Wort Pümpel im Jahr 2000 endlich in die 22. Auflage des Rechtschreibdudens aufgenommen!

DIE SALATSCHLEUDER

Seit eh und je trockneten Köche und Köchinnen den gewaschenen Salat, indem sie ihn in einem Sieb schüttelten oder in einem Küchentuch trockentupften. Besonders trocken wird Salat auf diese Weise nicht – und für die Salatsauce hat das geschmackliche Folgen. Auch wenn nasser Salat wohl keine der großen *crises de cuisine* auslöste, wird es viele Franzosen und Französinnen gefreut haben, als kurz nach dem Zweiten Weltkrieg der Drahtgeflechtfabrikant André Fouineteau ein Utensil zum Trocknen der gewaschenen Salatblätter auf den Markt brachte: Die Blätter wurden in einen Korb aus Drahtgeflecht gegeben, der durch ein Oberteil verschlossen und an seinen Henkeln kräftig geschüttelt werden konnte.

Der Salat wurde also vom Wasser befreit, doch stand danach die Küche unter Wasser! Ein Spielzeugkreisel brachte Fouineteau darauf, dass eine Salatschleuder, die wie der Kreisel in einem geschlossenen Körper eine Zentrifugalkraft entwickelt, zweckmäßiger wäre. In eine Schüssel setzte er einen drehbaren Korb, der durch den Deckel der Schüssel in eine schnelle Drehung versetzt wurde. Et voilà! – die gewaschenen Salatblätter im Korb verloren das ihnen anhaftende Wasser, das sich nun brav am Boden der Schüssel sammelte. 1972 ließ Fouineteau diese Salatschleuder patentieren, und seitdem hat Fouineteau Industries mehr als 35 Millionen Salatschleudern verkauft.

Salatschleudern haben eine Außenschüssel aus Plastik oder Metall. Ihr Innenkorb wird durch die sich drehende Unterseite des Deckels angetrieben, wobei diese Drehung entweder durch eine obere Kurbel oder durch ein sich wie ein Jojo immer wieder einrollendes Zugband zustandekommt.

DIE SCHERE

Das Schneiden gehört zu den ältesten Techniken der Menschheit – und entsprechend entwickelten die Menschen alsbald Schneidwerkzeuge. Während die Steinzeitmenschen noch mit Steinklingen-Messern vorlieb nehmen mussten, kamen in der Bronzezeit (Ende 3. bis Anfang 1. Jahrtausend vor Christus) mit den Fortschritten in der Metallverarbeitung die ersten Scheren auf. Das Prinzip, mit zwei zusammenhängenden und eng aneinander vorbeigleitenden Klingen auch ohne Unterlage oder Widerstand zu schneiden, wurde offensichtlich schnell entdeckt.

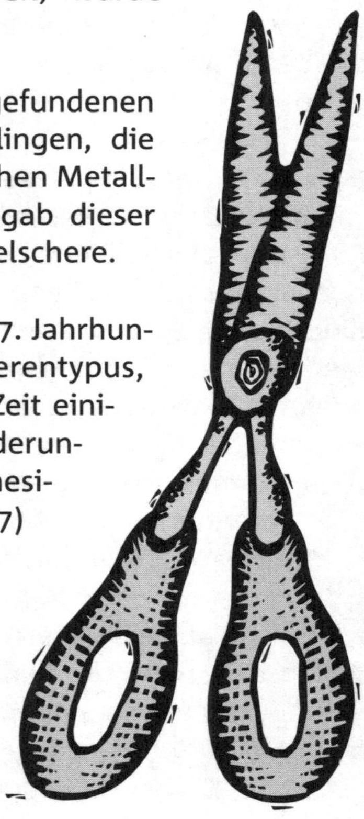

Die ältesten in Ausgrabungen gefundenen Scheren bestehen aus zwei Klingen, die durch einen U-förmigen elastischen Metallbügel verbunden sind. Dieser gab dieser Art von Schere den Namen Bügelschere.

Bügelscheren blieben bis zum 17. Jahrhundert der vorherrschende Scherentypus, doch wurden sie im Laufe der Zeit einigen Verbesserungen und Veränderungen unterzogen. Aus der chinesischen Tang-Dynastie (618–907) sind Scheren mit einem sich kreuzenden Bügel bekannt, der die Spannkraft der Schere erhöhte. Einen ähnlichen Effekt erzielte man in Europa, indem man nahe des Bogenscheitels die Schenkel kröpfte, sodass der Bügel dem griechischen Buchstaben Omega ähnelte. Auch waren in der Antike die Scheren reicher Ägypter, Griechen und Römer häufig reich ornamentiert oder mit Einlegearbeiten verziert, und im Mittelalter schnitt der Adel mit Gold- oder Silberscheren, deren Griffe mit Edelsteinen besetzt waren.

Es ist davon auszugehen, dass der heute übliche Typus der Gelenkschere etwa um 300 v. Chr. entwickelt wurde. Die ersten verlässlichen Funde und Bildquellen stammen aus der Römerzeit. Gelenkscheren, bei denen sich überkreuzende Klingen mit einer Schraube oder Niete als Gelenk verbunden sind, verlangen ein höheres Know-how der Metallverarbeitung. Sie haben den Vorteil, dass durch das Zusammendrücken ihrer Griffe eine Hebelwirkung entsteht, die es wesentlich einfacher macht, die Schere zu handhaben und dieser eine höhere Schneidkraft verleiht.

Gelenkscheren – die herzustellen aufwendig, teuer und nicht überall möglich war – bildeten bis ins ausgehende Mittelalter die große Ausnahme. Erst aus dem 15. Jahrhundert sind Abbildungen überliefert, nach denen Schneider mit gedrungenen Gelenkscheren, die Angehörigen anderer Handwerke aber noch mit Bügelscheren arbeiten.

Im 17. Jahrhundert war die Gelenkschere nachweislich mehr verbreitet, und spezielle Scherentypen wie Stoffscheren mit breitem und Papierscheren mit schmalem Blatt entstanden. 1761 gelang es Robert Hinchcliffe im englischen Sheffield, Gelenkscheren aus gegossenem Stahl – ein härterer und stabilerer Werkstoff als Eisen – industriell zu produzieren, was zur Folge hatte, dass Gelenkscheren preiswerter wurden und die Bügelschere ablösten. Diese werden heute praktisch nur noch zur Schafsschur verwendet.

DER SCHNEEBESEN

Wie viele Metallutensilien kam auch der heute gebräuchliche Schneebesen erst auf den Markt, als die Voraussetzungen für seine Herstellung geschaffen waren: nach der Industrialisierung gegen Ende des 19. Jahrhunderts. Durch die zahlreichen auf verschiedene Art verbundenen Drähte des Schneebesens wird der Rührmasse – sei es der Eischnee, der dem Schneebesen seinen Namen gab, seien es Sahne oder Teig – Luft zugeführt, sodass sie schaumig und gegebenenfalls auch steif wird. Schon bald entwickelten sich unterschiedliche Schneebesentypen für die anspruchsvolle Küche: So gibt es je nach Verwendungszweck und Rührgefäß neben Schneebesen auch Schlag-, Rühr- und Quirlbesen, Ballon- und Spiralbesen, Teller- und Becherbesen.

Besenartige Rührgeräte gibt es schon lange: Die ältesten bekannten Rührbesen aus Bambusfasern werden seit etwa 1200 Jahren bei der japanischen Teezeremonie verwendet. Mit ihnen wird Matcha-Teepulver schaumig aufgeschlagen. Und in der Küche verwendete man vor dem Aufkommen des Schneebesens Bündel aus Zweigen zum Rühren und Schlagen.

Mit dem Schneebesen geschlagener Eischnee sorgt zweifellos bei Koch oder Köchin für ein Erfolgserlebnis – aber auch für einen müden Arm. Aus diesem Grund wurden schon bald Schneebesen angeboten, die durch eine Handkurbel betrieben wurden. Wirklichen Rühr- und Schlagkomfort erzielten aber erst elektrische Hand- oder Standrührgeräte, die in den 1920er/1930er Jahren aufkamen. 1959 eroberte das sowohl mit Rührbesen als auch mit Knethaken ausgestattete Handrührgerät Krups 3 Mix die Herzen der deutschen Hausfrauen.

DER SCHNELLKOCHTOPF

Der französische Physiker und Erfinder Denis Papin (1647–1712) widmete sich in den 1670er Jahren insbesondere den Auswirkungen unterschiedlicher Druckverhältnisse. Ihm waren die Unterdruckexperimente Ottos von Guericke bekannt, 1675 wurde er Mitarbeiter des britischen Physikers Robert Boyle in London, welcher den Zusammenhang zwischen Druck und Volumen eines Gases entdeckte – beste Voraussetzungen für eine der bahnbrechenden Erfindungen Papins: Neben Pionierarbeiten, die schließlich zur Entwicklung der Dampfmaschine und des U-Boots führten, erfand er den Schnellkoch- oder Dampfdruckkochtopf. Mit diesem kann man, nach dem Prinzip, dass der Siedepunkt unter Druck sinkt – schneller kochen und auch das zäheste Fleisch in nicht allzu langer Zeit erweichen.

Papins Digester, ein Topf mit einem besonders dicht schließenden Deckel und Prototyp für den Dampfdruckkopf, explodierte allerdings 1680 vor den Augen der ehrwürdigen Royal Society in London – der Erfinder hatte zunächst vergessen, ein Sicherheitsventil einzusetzen, durch das der Dampf entweichen konnte. Doch wissen wir aus dem Tagebuch John Evelyns, dass Papin 1682 mit dem verbesserten Kochtopf erfolgreich eine weitere Mahlzeit für die Royal Society kochte.

Trotz der allgemeinen Begeisterung unter den Mitgliedern der Royal Society konnte sich Papins Erfindung lange Zeit nicht durchsetzen – offenbar war die Kombination aus nicht ausgereiftem

Sicherheitsventil und offener Feuerstelle, die keine einheitlichen Temperaturen gewährleistete, in den Haushalten des ausgehenden 17. Jahrhunderts im wahrsten Sinne des Wortes explosiv. Erst als mit der Entwicklung der Einkochgläser und der Konservendose durch Appert und Durand Anfang des 19. Jahrhunderts haltbare Lebensmittel für die Armee Napoleons zubereitet werden konnten, brachte man dem Dampfdruckkochtopf neues Interesse entgegen. Entsprechend wurden solche Kochtöpfe im 19. Jahrhundert vor allem in der Nahrungsmittelindustrie verwendet.

Erst im 20. Jahrhundert beglückte die Industrie auch die normale Hausfrau mit dem Schnellkochtopf. 1927 brachte die schwäbische Firma Silit den Sicomatik (oder kurz Siko für Sicherheits-Kochtopf) auf den Markt. Der seit den 1950er Jahren in Österreich hergestellte Kelsomat wird dort als Synonym für das Wort Schnellkochtopf verwendet.

Schnellkochtöpfe sind beliebt – sparen sie, bei guten Kochergebnissen, doch Zeit und Energie. Lange Zeit standen sie in dem Ruf, explodieren oder bei unsachgemäßem Gebrauch Unfälle verursachen zu können. Das entscheidende Unfallrisiko wurde jedoch ausgeschaltet: Moderne Schnellkochtöpfe können unter Druck nicht geöffnet werden. Doch sollte man nicht außer Acht lassen, dass unter sehr hohem Druck gegebenenfalls heißer Dampf am Rand des Kochtopfs entweichen kann.

Für Bergsteiger können Schnellkochtöpfe im Übrigen ein unentbehrliches Kochutensil sein: Der niedrige Luftdruck in großer Höhe sorgt dafür, dass Wasser bei weit unter 100 °C kocht und einige Speisen ohne Schnellkochtopf nicht gar werden.

DIE SCHRAUBE UND DER SCHRAUBENZIEHER

Die ersten Schrauben waren höchstwahrscheinlich die sogenannten Archimedischen Schrauben – große, sich drehende Schrauben in einem Rohr, deren Gewindeblätter dazu dienten, Schüttgut oder Wasser zu transportieren. Der griechische Mathematiker Archytas von Tarent erwähnte im 4. vorchristlichen Jahrhundert, dass mit solchen Schrauben bereits um 700 v. Chr. die Gärten des Assyrerherrschers Sin-ahhe-eriba bewässert wurden. Der Name Archimedische Schraube geht jedoch auf den griechischen Mathematiker, Physiker und Ingenieur Archimedes von Syrakus (ca. 287–212 v. Chr.) zurück, der diese Schraube (möglicherweise von Neuem) erfunden haben soll.

Das Prinzip der Schraube scheint sich noch in der Antike verbreitet zu haben: Öl- und Weinpressen aus dem 1. Jahrhundert v. Chr. wurden nämlich mithilfe großer Holzschrauben bedient. Und auch in der Folgezeit erinnerte man sich der Schraube immer wieder: Metallschrauben sind aus dem beginnenden 15. Jahrhundert bekannt. Allerdings mussten die damaligen Schrauben mühsam per Hand geschmiedet werden, und das Gewinde musste aufwendig in den Stift hineingefeilt werden – ein Grund dafür, Schrauben im Gegensatz zu Nägeln und Klammern nicht allzu häufig zu verwenden.

Die Schraube konnte sich erst durchsetzen, als sie mit neuen industriellen Herstellungsmethoden auch in großer Zahl und ohne großen Aufwand produziert werden konnte. Dies war erst zum Ende des 18. Jahrhunderts der Fall. Um

1770 wurde von dem britischen Werkzeugkonstrukteur Jesse Ramsden eine der ersten funktionstüchtigen Drehmaschinen entwickelt, 1797 gelang es, ebenfalls auf den britischen Inseln, dem Ingenieur Henry Maudslay, die Gewindeschneidmaschine zu konstruieren – die Voraussetzungen zur Massenproduktion der Schraube waren gegeben. In dieselbe Zeit fiel auch die Erfindung des Schraubenziehers. Zwar ist bereits aus dem Jahr 1744 ein Aufsatz mit flacher Klinge für einen Handbohrer bekannt, doch offensichtlich wurden eigentliche Schraubenzieher erst am Ende des Jahrhunderts hergestellt, als die Schrauben zum Hinein- und Hinausdrehen wirklich vorhanden waren. Während sich in Europa insbesondere die Schlitzschrauben und Kreuzschlitzschrauben mit den entsprechenden Schraubenziehern durchgesetzt haben, verwendet man in Nordamerika meistens die Innenvierkant-Schraube, die, zusammen mit dem dazugehörigen Schraubendreher, 1908 von dem Kanadier Peter Robertson entwickelt und zum Patent angemeldet wurden. Von den vielen normierten Schrauben-Typen, die heutzutage in jedem Baumarkt erhältlich sind, war man lange Zeit weit entfernt. Zwar gab es im 19. Jahrhundert vor allem in Großbritannien Bemühungen, die immer beliebter werdende Schraube zu standardisieren, und dort wurden auch teilweise heute noch gültige Normen eingeführt. Große Fortschritte machte die Standardisierung der Schrauben während des Zweiten Weltkrieges, als es von kriegsentscheidender Wichtigkeit war, dass Ersatzteile in allen Gegenden der Welt auch wirklich in die zu reparierenden Maschinen passten.

Heute haben sich weltweit die metrischen ISO-Gewinde der Internationalen Organisation für Normierung (kurz ISO) durchgesetzt, welche jedem der Schraubentypen M 1 bis M 64 gleiche Maße zuteilt. Die Festlegung von Schraubenstandards war eines der ersten Probleme, dessen sich diese Organisation nach ihrer Gründung im Jahr 1947 annahm.

DER SPIEGEL

Wahrscheinlich hatten schon die ersten Menschen das Bedürfnis, sich im Spiegel zu betrachten, und lange hat man zu diesem Zweck ruhige Wasseroberflächen verwendet. Die ersten von Menschenhand hergestellten Spiegel stammen aber bereits aus dem 7. Jahrtausend vor Christus: Im türkischen Çatalhöyük fand man Spiegel aus auf Hochglanz poliertem Obsidian – dasselbe vulkanische Gesteinsglas wurde auch um 4000 v. Chr. von den mexikanischen Ureinwohnern als Spiegel verwendet. In der Bronzezeit ging man seit dem 3. Jahrtausend vor Christus dazu über, Metalle wie Bronze oder Kupfer zu Spiegeln zu polieren, ein Brauch, der sich auch im alten Ägypten durchsetzte. Die Spiegel erhielten aufwendig gestaltete Griffe aus Holz oder Elfenbein – und wurden zum Luxusobjekt. Die Römer verwendeten Spiegel aus poliertem Silber, das die Originalfarben des zu spiegelnden Gegenstandes wiedergab. Zeitweise waren kostbare Goldspiegel in Mode, und nicht zuletzt wurden für reiche Römer die ersten Ganzkörperspiegel hergestellt.

Bis zum ausgehenden Mittelalter wurden polierte Metallflächen als Spiegel bevorzugt – kein Wunder, war doch ein anderes Verfahren der Spiegelproduktion mit einem entscheidenden Nachteil behaftet: Plinius der Ältere beschrieb im 1. Jahrhundert n. Chr. erstmals, dass Quecksilber und Zinn auf die Rückseite eines Stücks Glas aufgebracht wurden und sich so eine spiegelnde Glasfläche ergab. Doch war die Glasherstellung damals noch lange nicht ausgereift – und glatte Glasflächen sind für ein nicht verzerrtes Spiegelbild nun einmal die Voraussetzung.

Erst um 1300 gelang es venezianischen und Nürnberger Glasbläsern, ausreichend glattes Glas herzustelle. Diese Städte entwickelten sich zu Zentren der Spiegelproduktion. Hier wurde Quecksilber auf Zinnfolien aufgetragen und darauf dann eine Glasscheibe gelegt. Zwar entstanden gelegentlich dort, wo das Quecksilber nicht richtig haftete, schwarze Stellen, doch trotz ihrer anfänglichen Mangel erfreuten sich die neuartigen Spiegel einer solchen Beliebtheit, dass sie nicht allein als Spiegel, sondern auch als Dekorelemente in Schmuckstücke oder auf Schwertscheiden gesetzt wurden.

Die Republik Venedig war lange bemüht, die Geheimnisse der Spiegelproduktion, die auf dem Können ihrer Glasbläser basierte, geheim zu halten und isolierte die Glasbläser auf der Insel Murano. Dennoch verbreitete sich die Kunde von der neuartigen Spiegelproduktion, und im 17. Jahrhundert gab es unter anderem in London und Paris renommierte Spiegelmanufakturen. Dennoch war Spiegelglas nach wie vor ein ungeheuer teures Luxusprodukt, was im 17. und 18. Jahrhundert unter anderem in den repräsentativen Spiegelgalerien barocker Schlösser deutlich wird: Ihr Vorbild war die Galerie des Glaces im Schloss Ludwigs XIV., Versailles. Weiteren Auftrieb erhielt die französische Glas- und Spiegelproduktion, als der Glasmacher Bernard Perrot 1687 ein Verfahren erfand, besonders glatte Glasplatten zu walzen.

Die durch das mangelnde Haften von Quecksilber bedingten blinden Flecken der Spiegel wurden Vergangenheit, als 1835 der deutsche Chemiker Justus von Liebig ein chemisches Verfahren erfand, Glas mit einer Silberschicht zu überziehen. Doch setzte sich seine Methode erst nach 1886 durch, als die gesundheitsschädlichen Spiegel mit Quecksilber verboten wurden.

Heute wird die Rückseite der Spiegelglasscheibe mit einer hauchdünnen Schicht aus Aluminium oder Silber beschichtet. Meistens wird in einem Vakuum Aluminiumfolie auf die Glasscheibe gedrückt, oder diese wird mit Aluminium bedampft.

DAS STREICHHOLZ

Schon den Römern und war die entzündliche Wirkung von Schwefel bekannt: Sie tauchten Holzstäbchen hinein und entzündeten diese mithilfe eines glühenden Gegenstandes – ein Verfahren, dass ab dem 10. Jahrhundert n. Chr. auch die Chinesen anwandten.

Die Entwicklung des modernen Streichholzes vollzog sich aber erst vom 17. bis zum 19. Jahrhundert – ein internationales Experiment mit zahlreichen mehr oder weniger explosiven Substanzen und Kapiteln: Schon 1680 rieb der englische Naturwissenschaftler Robert Boyle einen schwefligen Holzspan an einem Stück Papier, das mit dem gerade entdeckten Element Phosphor beschichtet war. Er ging in Flammen auf – doch aufgrund des hohen Phosphorpreises gelangte erst einmal kein Streichholz auf den Markt. 1786 entdeckte der Franzose Claude-Louis Berthollet das Kaliumchlorat. Es wurde im beginnenden 19. Jahrhundert in die Köpfe von Zündhölzern eingearbeitet, die dann in Schwefelsäure getaucht wurden – was allerdings den Nachteil hatte, dass die ätzende Säure in einem Privathaushalt nicht unbedingt gut aufgehoben war. Die Tunkzündhölzer wurden so auch bald von wirklichen Streichhölzern abgelöst, und ab 1822 auch vom Feuerzeug.

Das erste eigentliche Streichholz erfand 1826 der englische Apotheker John Walker, der entdeckte, dass sich Kaliumchlorat, wenn man es mit Antimonsulfid, Gummi und Stärke mischt, auch an einer rauen Oberfläche entzünden lässt. Walkers Entdeckung war eher unfreiwillig – er wollte das Holz durch Reiben am Boden säubern, doch ging es in Flammen auf. Walkers Streichholztypus ging unter dem Namen Lucifers bald in Produktion, die Hölzer brannten jedoch unregelmäßig – und sie stanken. Doch bald danach, in den 1830er Jahren, brachte der Deutsche Jacob Friedrich Kammerer, nach Vorarbeiten des Franzosen Charles Sauria, Streichhölzer mit einem Phosphorzusatz auf den Markt. Die Nachteile der walkerschen Hölzer waren beseitigt – allerdings gingen die Hölzer Kammerers oft spontan in Flammen auf. Dieses Problem wiederum konnte schon 1837 der Ungar János Irinyi lösen, der den Phosphor im Streichholzkopf nicht mit Kaliumchlorat, sondern mit Bleidioxid vermengte – sein Streichholz entzündete sich nicht mehr von selbst. War man endlich zu einem zufriedenstellenden Streichholz gelangt?

Mitnichten. Es stellte sich heraus, dass durch den weißen Phosphor die Produktion und Verwendung von Streichhölzern zum Knochenschwund führte. 1844 ersetzten deshalb die Schweden Gustav Eric Pasch und Karl Frantz Lundström den weißen durch roten Phosphor. Und 1848 entwickelte der Deutsche Rudolf Christian Boettger das Sicherheitszündholz. Es zeichnete sich dadurch aus, dass sich der Phosphor nicht mehr im Streichholzkopf, sondern in der Reibefläche befand. Boettger verkaufte sein Patent an die schwedische Zündholzindustrie, die für lange Zeit fast die ganze Welt mit Streichhölzern beliefern sollte.

Auf Betreiben des schwedischen Streichholzkönigs Ivar Kreuger bestand in Deutschland von 1930 bis 1983 ein Zündholzmonopol, dass den Deutschen nur gewisse Produktionskontigente zuwies. Der Rest der Streichhölzer musste (aus Schweden) importiert werden. Als Kreditgeber Deutschlands hatte Kreuger dieses Monopol während der Weltwirtschaftskrise erwirkt, und als Rechtsnachfolger des Deutschen Reiches war auch die Bundesrepublik Deutschland lange Zeit daran gebunden. Viele Leser werden sich noch an die bis 1983 allein zugelassenen Marken Welthölzer und Haushaltsware erinnern.

DER TEEBEUTEL

Erwähnt man gegenüber passionierten Teetrinkern den Teebeutel, wird man sich sofort als Nicht-Kenner outen. Teeblätter müssen sich entfalten können, und das ist in Teebeuteln nicht möglich. Doch ist wirklich Teebeutel gleich Teebeutel? Kann man ihn nicht auch als Teeliebhaber unter gewissen Umständen verwenden?

Ausgerechnet ein Teehändler war es, der den Teebeutel »erfand« – doch muss man dazusagen, dass dieser Beutel ursprünglich nicht dazu gedacht war, ins Wasser geworfen zu werden. Im Jahr 1904 oder 1908 (über das genaue Datum schweigt die Teegeschichte) verpackte der New Yorker Teehändler Thomas Sullivan kleine Mengen Tees als Proben in Seidenbeutel – welche ihm wesentlich geringere Produktions- und Versandkosten verursachten als Blechdosen. Die findigen Kunden wiederum gossen einfach heißes Wasser auf die Teebeutel und schienen mit dem Ergebnis hoch zufrieden zu sein. Mehr noch: Sie wussten diese praktische Art der Teezubereitung zu schätzen. Dies wiederum kam Sullivan zu Ohren, der nun eine Geschäftsidee witterte. Er verkaufte einen Teil seines Tees nun in Teebeuteln – mit Erfolg.

Nun gab es aber andere Teehändler, die auf den fahrenden Zug aufsprangen und Teebeutel mit minderwertigem Tee befüllten. Der Teetrinker konnte die Qualität des Tees ja nun nicht mehr so einfach in Augenschein nehmen. Auf diese Weise zog sich der Teebeutel ein Imageproblem zu, von dem er sich lange Zeit nicht mehr so recht erholte. Hieran änderten die Bemühungen des Londoner Teehändlers Frederick John Horniman nichts, der zwar guten Tee in seine Teebeutel aus Papier füllte, diese jedoch mit unappetitlichem Leim verklebte. Und auch die Soldaten des Ersten Weltkriegs, die von der Firma Teekanne in Dresden Tee in zu kleinen Teebeuteln, die sogenannten Teebomben, erhielten, werden sich nicht gerne an das braune, aber vollkommen unaromatische Wasser erinnert haben.

Grundsätzliche Probleme waren, dass sich das Aroma des Tees in den damals üblichen Teebeuteln nicht so recht entfalten konnte und dass der Teebeutel häufig über einen Eigengeschmack verfügte. Die Firma Teekanne, die sich durch die Teebomben des Ersten Weltkriegs nicht hervorgetan hatte, war es nun, die den Teebeutel energisch verbesserte. 1929 gelang es, aus Zellulose und Manilafaser ein spezielles Teebeutelpapier herzustellen, das den Geschmack nicht beeinträchtigte. Und 1949 kam der Teekanne-Mitarbeiter Adolf Rambold, der sich bereits durch die Entwicklung wegweisender Teebeutel-Packmaschinen hervorgetan hatte, auf die Idee, einen völlig neuartigen Teebeutel zu entwickeln, durch den ein größerer Anteil der Teeblätter von Wasser durchspült wurde: Er erfand den Doppelkammerbeutel, für den ein Schlauch aus Spezial-Teebeutelpapier geknickt und von beiden Enden mit Tee befüllt wird. Oben werden die Enden übereinandergeschlagen und mit einer Heftklammer verschlossen, die zugleich auch noch einen Faden halten kann, an dem der Teebeutel in das heiße Wasser getaucht und wieder herausgenommen wird. Noch heute unterscheiden sich deutsche Teebeutel dadurch von den meisten britischen, dass sie so gut wie immer an einem Faden hängen. Angesichts der nun schon mehrere Jahrzehnte alten Fortschritte in der Teebeutelproduktion ist es – vorausgesetzt der Tee ist von angemessener Qualität und kann sich einigermaßen frei im Beutel entfalten – nicht mehr nötig, über den Teebeutel die Nase zu rümpfen.

TEFLON

Was ist heute nicht alles mit Teflon beschichtet? Pfannen, Pfannenwender, Tischdecken etc. – um nur gängige Haushaltsgegenstände zu nennen. »Teflon ist eine der wirklich nützlichen Erfindungen der Raumfahrtindustrie«, hört man oft.

Tatsächlich ist das Material jedoch älter als die Raumfahrtforschung, die erst 1957 aufgenommen wurde. Der amerikanische Chemiker Roy Plunkett, der auf der Basis von Tetrafluorethylen (TFE) ein Kältemittel für Kühlschränke entwickeln wollte, entdeckte es im Jahr 1938 – mehr oder weniger zufällig. Eines Morgens hatte sich das Gas TFE durch Polymerisation in Plastikkrümel verwandelt. Plunkett gab dem neuen Material den Namen Polytetrafluorethylen (PTFE) und das dazugehörige Patent von 1941 an seinen Arbeitgeber, die Firma DuPont. Zunächst hatte DuPont keine rechte Verwendung für das teure PTFE, obwohl es ein Material war, das weder durch Hitze noch durch Strom oder Säuren angegriffen wurde. Erst im Jahr 1943, als die US-Kernwaffenforschung im Rahmen des Manhattan-Projekts vor dem Problem stand, ein geeignetes Material für die Aufbewahrung des äußerst korrosiven Uranhexafluorids finden zu müssen, entwickelte man PTFE weiter. Es diente in den nächsten Jahren als Korrosionsschutz, 1946 erhielt es den Namen Teflon.

Die Kunde über das neue Material verbreitete sich, und Anfang der 1950er Jahre beschichtete der französischen Chemiker Marc Grégoire damit seine Angelschnüre, die er nicht mehr von Hand entwirren wollte. Da das Teflon als Antihaftmittel offenbar äußerst wirksam war, überzeugte Grégoires Frau Colette ihren Mann 1954, Teflon auch als Pfannenbeschichtung zu verwenden. Der Rest ist Geschichte ...

DAS THERMOMETER

Bekanntlich breiten sich Flüssigkeiten aus, wenn man sie erhitzt. Diese Prämisse diente bereits als Voraussetzung für das erste bekannte Thermometer, das der italienische Physiker, Mathematiker und Astronom Galileo Galilei um das Jahr 1595 entwickelte. Er füllte gefärbtes Wasser in einen Glasbehälter, an den eine Glasröhre angefügt war. Durch Erhitzen des Wassers stieg die Wassersäule in der Glasröhre an, wurde die Wärmequelle weggenommen, sank sie Säule allmählich wieder ab. Doch war Galileis Thermometer ziemlich unausgereift – es hatte zum Beispiel noch keine Skala. Solche nicht geeichten Wärmemesser werden als Thermoskop bezeichnet.

Der italienische Mediziner Santorio Santorio, der als Professor für Medizintheorie an der ehrwürdigen Universität von Padua lehrte und ein Pionier in der Entwicklung medizinischer Messinstrumente war, kam um 1612 auf die Idee, dem Thermoskop Galileis eine Skala hinzuzufügen. Doch war auch sein Thermometer noch zu stark vom Luftdruck beeinflusst, als dass es ein zuverlässiges Messinstrument dargestellt hätte.

Erst Anfang des 18. Jahrhunderts wurde das Thermometer weiterentwickelt, und zwar durch den deutschen Instrumentenbauer Gabriel Fahrenheit, der, in den Niederlanden lebend, Quecksilber verwendete – und zwar in einem Vakuum. So wurde der Luftdruck irrelevant, und das Thermometer konnte zuverlässig arbeiten. Fahrenheit erfand auch die nach ihm benannte Maßeinheit für Temperatur. Als Nullpunkt setzte er die ihm bekannte tiefste Temperatur fest, die er durch eine Eis-Salzwasser-Mischung bestimmte (umgerechnet – 17,2 °C). Der Siedepunkt von Wasser wurde als höchster Punkt der Temperaturskala bestimmt, und zwischen diesen beiden Extremen sah Fahrenheit, gemäß der

Grad-Anzahl in einem Halbkreis, 180 Einheiten vor. Einer Anekdote gemäß setzte er die 100-°C-Marke mit seiner eigenen Körpertemperatur an – was allerdings hieße, dass er an diesem Tag Fieber gehabt haben muss (später nannte Fahrenheit selbst 96 °F als die normale Körpertemperatur des Menschen).

Fahrenheits System setzte sich durch, doch wurde es Anfang des 19. Jahrhunderts von der nach ihrem Erfinder, dem schwedischen Astronomen Anders Celsius, benannten und von diesem 1742 festgelegten Celsius-Skala abgelöst.

Die Celsius-Skala bestimmte den Gefrierpunkt von Wasser als 100 °C und den Siedepunkt als 0 °C. (Falls Ihnen das ungewöhnlich erscheint: Diese Fixpunkte wurden später getauscht.) Mit ihren 100 Einheiten entsprach sie dem Anfang des 19. Jahrhunderts durch Frankreich propagierten Dezimalsystem. In vielen angelsächsischen Ländern wie Großbritannien und den USA wird allerdings noch heute das Fahrenheit-System verwendet. Die Celsius-Werte ermittelt man, wenn man von der Fahrenheit-Angabe 32 abzieht und das Ergebnis durch 1,8 teilt.

Inzwischen sind sich ausbreitende Flüssigkeiten nicht das einzige Mittel, die Temperatur zu messen. In den digitalen Thermometern der Gegenwart wird ein sogenannter Thermistor eingesetzt, das heißt ein Widerstand, der seinen Widerstandswert unter dem Einfluss einer Temperaturveränderung messbar vergrößert oder verringert.

TIEFKÜHLKOST

Die Bewohner kalter Regionen der Erde haben die Tiefkühltechnik für bestimmte Lebensmittel schon seit geraumer Zeit genutzt. So ist das Speiseeis seit der Antike eine beliebte Köstlichkeit gewesen, doch konnte es lange Zeit nur in Eishöhlen oder -häusern hergestellt und aufbewahrt werden. Die Indianerstämme der Anden verarbeiteten Kartoffeln durch ein Gefriertrocknungs-Verfahren zu einem Vorratsprodukt, das sie Chuño nannten. Die Initialzündung zur Entwicklung der modernen Tiefkühlkost lieferten jedoch die Inuit, die in einem so kalten Lebensraum siedeln, dass ihr Hauptnahrungsmittel Fisch lange Zeit sozusagen zwangsläufig tiefgefroren wurde.

Dem New Yorker Clarence Birdseye, der sich 1912 als Pelzhändler auf der nordostkanadischen Halbinsel Labrador verdingte, fiel auf, dass insbesondere der von den Inuit bei sehr tiefen Temperaturen eingefrorene Fisch nach dem Auftauen beinahe fangfrisch schmeckte. Birdseye erkannte, dass sich durch das schnelle Einfrieren keine großen Kristalle im Fischfleisch bilden konnten, durch die die Zellwände zerstört worden wären und das Fleisch an Qualität verloren hätte. Diese Entdeckung war wesentlich – waren doch Gefrierversuche in den damals üblichen Kühlräumen dadurch fehlgeschlagen, dass die Lebensmittel durch den langsamen Gefrierprozess an Konsistenz, Farbe und Geschmack verloren hatten.

Birdseye kehrte in die USA zurück und versuchte, die klimatischen Bedingungen der Arktis in einer Maschine zu reproduzieren. Hierfür benötigte er einen langen Atem: Nach einigen fehlgeschlagenen Versuchen, in deren Folge ein von Birdseye gegründetes Unternehmen sogar Konkurs anmelden musste, gelang ihm erst Mitte der 1920er Jahre der Durchbruch: Birdseye entwickelte das

Verfahren, in Kartons verpackten Fisch zwischen zwei vereisten Metallriemen unter hohem Druck schockartig einzufrieren. Er gründete 1924 die General Seafood Corporation, die seit 1925 in Gloucester im US-Bundesstaat Massachusetts Tiefkühlfisch erzeugte und vermarktete. 1927 erhielt Birdseye ein Patent auf seine Gefriermaschine, und im selben Jahr fror er auch Fleisch, Obst und Gemüse ein – Letzteres zunächst allerdings mit begrenztem Erfolg, da man nicht sofort erkannte, dass Gemüse vor dem Gefrieren blanchiert werden muss.

In den 1930er Jahren wurde Tiefkühlkost in den USA zum Verkaufsschlager. Birdseye hatte sein Unternehmen jedoch 1929 für viel Geld an Goldman Sachs und die Postum Company verkauft, welche die neue Tiefkühlkost unter dem Namen Birds Eye Frosted Food in den USA verbreiteten.

Obwohl es in Europa bereits durch das Tiefkühlverfahren des dänischen Fischhändlers A. J. A. Ottensen in den 1910er Jahren gelungen war, Fisch unter der Zuhilfenahme von Salzsole in Kältemaschinen schnell einzufrieren, setzte sich hier die Tiefkühlkost erst in den 1950er Jahren durch: 1957 fand sich in den Kühltruhen deutscher Lebensmittelgeschäfte der erste tiefgekühlte Spinat. Im selben Jahr brachte der amerikanische Hersteller von Gefrierprodukten Swanson die ersten Tiefkühl-Fertiggerichte auf den Markt. Und wenige Jahre später folgte das Tiefkühlprodukt, mit dem sicher manchem Leser als Kind das Essen von Fisch schmackhaft gemacht wurde: das Fischstäbchen.

DER TRETMÜLLEIMER

In unserer Küche ist er im Zuge der Mülltrennung, die Behälter für Plastik, Papier, Bio- und Restmüll häufig in einem Küchenschrank versteckt, seltener geworden – doch manchmal vermissen wir den Mülleimer, den man ohne den Einsatz von Händen bedienen kann und dessen Deckel den dreckigen Abfall dennoch optisch und geruchsmäßig entschwinden lässt: den Tretmülleimer. Er funktioniert nach einem einfachen Prinzip: Durch die Bedienung des Fußpedals schiebt sich hinter dem Müllbehältnis ein Stab nach oben, der wiederum den Deckel nach oben drückt.

In Deutschland wurde dem deutschen Industriellen Friedrich Emil Krauß, der unter anderem die ersten Waschmaschinen und Wäscheschleudern produzierte, in den 1930er Jahren das Patent für den Tretmülleimer verliehen. Nicht mehr feststellbar ist, ob Krauß diesen Mülleimertypus selbst erfunden hat – vielleicht hat er sich lediglich die Patentrechte für Deutschland gesichert, vielleicht kam es jedoch, wie so häufig, ungefähr zeitgleich zu zwei ähnlichen Erfindungen: Nachweislich entwickelte nämlich die amerikanische Ingenieurin und Organisationspsychologin Lillian Moller Gilbreth (1878–1972) in den 1920er Jahren einen Tretmülleimer. Und hinter diesem Tretmülleimer steckt eine ganze Philosophie.

Moller Gilbreth gilt in den USA zu Recht als »the first lady of engineering«. Zusammen mit ihrem Mann Frank Bunker Gilbreth gründete sie Anfang des 20. Jahrhunderts in Boston die Unternehmensberatung Gilbreth Inc., und gemeinsam widmete sich das Ehepaar der Organisation von Arbeitsabläufen, die sie durch Zeit- und Bewegungsstudien analysierten und optimierten. Als Medium nutzten die Gilbreths schon früh die Filmkamera, mit der sie nicht nur Handlungsabläufe in Industrieunternehmen dokumentierten, sondern auch in der eigenen Familie: Sie hatten nicht weniger als zwölf Kinder. Zwei von ihnen verfassten die (später verfilmten) Bestseller *Cheaper by the Dozen* und *Belles on Their Toes* (auf Deutsch unter den Titeln *Im Dutzend billiger* und *Aus Kindern werden Leute* erschienen), die unter anderem die im Familienkreis veranstalteten Organisationsexperimente beschreiben.

Nach dem frühen Tod ihres Mannes im Jahr 1924 war Moller Gilbreth gezwungen, die gemeinsam gegründete Unternehmensberatung zu schließen – eine Frau als Chefin wollten die Kunden noch nicht akzeptieren. Dennoch gelang es ihr, ihre Beratertätigkeit immer erfolgreicher von Zuhause aus weiterzuführen; später war sie lange Zeit als Hochschullehrerin tätig und beriet schließlich die US-Präsidenten Hoover bis Johnson auf zahlreichen Gebieten wie der Schaffung neuer Arbeitsplätze und der während des Zweiten Weltkriegs erforderlichen Umwandlung von Fabriken.

Moller Gilbreths Erfindung des Tretmülleimers ist ihrem anhaltenden Interesse für die effiziente Organisation des amerikanischen Privathaushalts zu verdanken. So gehen auf sie zahlreiche Verbesserungen in der Küche zurück (unter anderem auch die Glasböden in der Innentür des Kühlschranks), und bereits in den 1920er Jahren verfasste sie die Managementberater für die Hausfrau *The Homemaker and her Job* und *Living with Our Children,* nach denen die Prinzipien der modernen Arbeitsorganisation und die Kooperation aller Familienmitglieder jedem von ihnen größtmögliche Zufriedenheit und Freiheit ermöglichen.

TUPPERWARE

Diese in vielen Formen und Farben erhältlichen Plastikbehälter für den Haushalt sind vor allem durch die legendären Tupperpartys bekannt geworden, die auch in Deutschland das eigentliche Vertriebssystem für Tupperware darstellen. Eine sogenannte Tupper-Beraterin nimmt auf einer Party Bestellungen für die Produkte entgegen, zu der eine Gastgeberin Freundinnen eingeladen hat. Lange Zeit waren Tupperpartys eine rein weibliche Angelegenheit, doch inzwischen gibt es zahlreiche männliche Tupperberater und sogar Verkaufsveranstaltungen, bei denen die Männer unter sich sind. Eine solche Veranstaltung im eigenen Haus mag vergnüglich sein, hat aber angeblich auch schon zu Ehekrisen geführt und lässt nicht allzu standhafte Naturen mehr Plastikbehälter erwerben, als sie jemals verwenden können ...

Das angepriesene Produkt selbst wurde Anfang der 1940er Jahre von dem Amerikaner Earl Silas Tupper erfunden. Dieser hatte zur Zeit der Weltwirtschaftskrise seine selbstständige Tätigkeit als Landschaftsgärtner nicht fortsetzen können und beim Chemiegiganten DuPont eine neue Arbeitsstelle gefunden. Bei DuPont führte man in den 1930er Jahren den Kunststoff Polyethylen ein (PE), suchte aber noch nach geeigneten Anwendungsmöglichkeiten.

Die Kundschaft hatte Plastik damals noch nicht akzeptiert. Tatsächlich hatten die ersten für Privatpersonen erhältlichen Plastikprodukte einen eher begrenzten optischen Charme, und vor allem waren sie nicht geruchsneutral. Polyethylen bot jedoch ganz andere Möglichkeiten – eine Tatsache, die Tupper schnell erkannte und nutzen wollte. Er entschloss sich, das neue Material für seine eigenen Zwecke zu nutzen und machte sich 1938 erneut selbstständig. Raffiniertes Polyethylen war teuer, deshalb erwarb

Tupper eine Portion unraffiniertes Material (das als Nebenprodukt in Ölraffinerien anfiel) und entwickelte erfolgreich ein eigenes Raffinations-Verfahren. Die ersten, 1945 angebotenen, Tupperware-Haushaltsprodukte waren farbenfrohe, unzerbrechliche Zahnputzbecher, denen kurz darauf eine Reihe Deckelschüsseln folgte, die eine entscheidende Innovation aufwiesen: Sie waren, nach dem Vorbild von Farbdosen, mit dicht schließenden Deckeln ausgestattet. Wenn man deren mit einem Gummi versehenen Rand anhob, entwich Luft aus der Dose – der Inhalt blieb länger frisch. 1948 ließ Tupper seinen Deckel patentieren.

Ein solches Produkt konnte der Kunde wirklich gebrauchen. Doch die Tupperware hatte zunächst Schwierigkeiten, sich durchzusetzen, was vor allem auf den damals neuartigen und für den Konsumenten offenbar erklärungsbedürftigen Verschluss zurückzuführen war. Hier kam der Zufall Tupper zu Hilfe: Im Jahr 1948 wurden durch eine Direktvermarkterin in Florida unerwartet hohe Verkaufszahlen erzielt – erklärte man die Vorteile der Tupperware und ihres Verschlusses, verkaufte sie sich ausgezeichnet. Zusammen mit der erfolgreichen Vertreterin Brownie Wise, der es gelungen war, seine Plastikschüsseln direkt an die Frau zu bringen, entwickelte Tupper die neue Vertriebsstrategie: die Tupperparty, die in den Haushalten der Vereinigten Staaten und später auch Europas zum sozialen Event wurde. In Deutschland gab es 1962 die ersten Tupperpartys, und die farbenfrohen Plastikbehälter – die inzwischen auch in Designmuseen ausgestellt werden – wurden zu einem Inbegriff für die 1960er und 1970er Jahre.

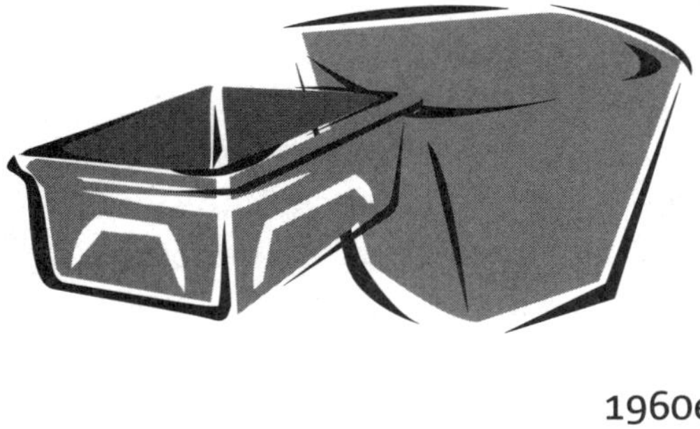

DIE WÄSCHEKLAMMER

Seit Urzeiten haben die Menschen Wäsche gewaschen, und hatten viel Zeit, sich zu überlegen, wie sie diese am besten trockneten. So liegen die Ursprünge der Wäscheklammer wie auch der Wäscheleine im Dunkel der Geschichte verborgen ...

Die ältesten erhaltenen, 200 bis 300 Jahre alten Wäscheklammern sind kleine Holzbretter mit einem dreieckigen Schlitz, der das über die Leine gelegte Wäschestück fixiert. Auf diese Weise ist nur ein Festhalten, aber kein wirkliches Aufhängen möglich. Noch heute sieht man gelegentlich Aufsteckklammern aus einem runden Holzstab, der sich in zwei »Beine« teilt und oben einen Knauf aufweist – ein Nachfahre der Urform der Wäscheklammer.

Die Industrialisierung ermöglichte es, das in jedem Haushalt benötigte Produkt in großen Mengen zu produzieren und kompliziertere, besser zu handhabende Wäscheklammer-Typen einzuführen. Führend waren die Vereinigten Staaten, wo vor dem Jahr 1900 mehr als 150 Wäscheklammer-Patente angemeldet wurden. Eine von diesen Wäscheklammern hat sich durchgesetzt: Die Klammer aus zwei mit einer Feder verbundenen Holzstücken wurde 1853 von David Smith im US-Bundesstaat Vermont erfunden. Durch die Gelenkfeder ist es möglich, die unteren Klammerenden zu öffnen, indem man die oberen zusammendrückt. Die Haltewirkung ist so stark, dass das Wäschestück etwas unterhalb der Leine aufgehängt werden kann und optimal trocknet. In Deutschland verbreitete sich diese Wäscheklammer seit den 1960er Jahren, und seit den 1970er Jahren wird sie meistens aus Plastik gefertigt. Auf das wachsende Umweltbewusstsein ist zurückzuführen, dass die Holzklammer eine kleine Renaissance erlebt hat.

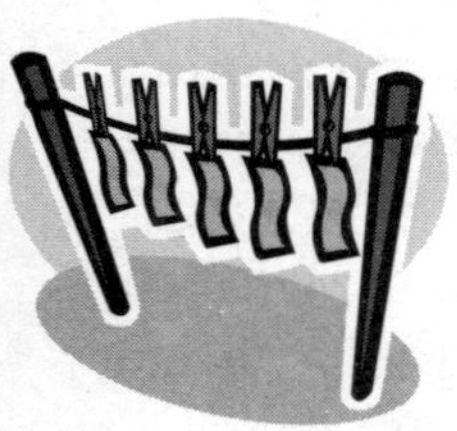

DER WASSERKESSEL

Auch die »Erfindung« des Wasserkessels liegt so lange zurück, dass der genaue Zeitpunkt nicht zu bestimmen ist: Archäologische Ausgrabungen haben in Mesopotamien einen etwa 3000 Jahre alten Bronzekessel, in Europa und anderswo Eisenkessel aus der Eisenzeit (ab ca. 1000 v. Chr.) und in Mexiko etwa 2000 Jahre alte Tonkessel der Maya (mit mehren Tüllen, von denen eine pfeifen kann) zutage gefördert. Im 19. Jahrhundert verwendete man vor allem Kupferkessel, die den Nachteil, dass man sie nach dem Erhitzen säubern muss, durch gute Wärmeleiteigenschaften ausgleichen.

Im Jahr 1891 entwickelten sowohl die amerikanische Firma Carpenter Electronic Company in Chicago als auch das britische Unternehmen Crompton and Co. die ersten elektrischen Wasserkessel. Diese folgten noch dem Vorbild traditioneller Kessel und standen auf einer Heizplatte. Entsprechend lange dauerte es, das Wasser zum Kochen zu bringen. Doch regte ihre Vorliebe für Tee die Briten zu einer entscheidenden Verbesserung an: 1922 setzte der Hersteller Swan eine Heizspirale direkt in den Wasserbehälter – und siehe da, kochendes Teewasser war in Minuten vorhanden. Auch wurde damals ein Sicherung entwickelt, durch die sich der Kessel, wenn kein Wasser vorhanden war, selbst ausschaltete. Die Firma Swan durfte auch während des Zweiten Weltkriegs weiter Teekessel produzieren, während andere Hersteller von Haushaltsgeräten gezwungen waren, auf Rüstungsgüter umzuschwenken – das War Office war sich bewusst, dass sich ohne die ausreichende Versorgung der Briten mit Tee der Krieg nicht gewinnen ließ.

Eine amerikanische Innovation war der Pfeifkessel – den Joseph Block im Jahr 1921 erfand. Blocks Vater hatte Dampfdruckkochtöpfe hergestellt, die am Ende der Garzeit einen Pfiff ausstießen. Beim Besuch einer namentlich nicht bekannten Kesselfabrik in Westfalen kam Block auf die Idee des pfeifenden Wasserkessels. Die deutsche Firma produzierte die ersten 36 Pfeifkessel, die im Berliner Kaufhaus Wertheim reißenden Absatz fanden. Und auf einer Messe in Chicago verkaufte Block 1922 die ersten Pfeifkessel in Amerika. Die Messebesucher eilten, durch den durchdringenden Pfeifton erbost, an seinen Stand, den sie auch schnell wieder verließen – jedoch nicht ohne einen Pfeifkessel geordert zu haben.

Nach dem Zweiten Weltkrieg schrieb die – ebenfalls britische – Firma Russell Hobbs Wasserkesselgeschichte. Sie setzte ab 1955 auf der Rückseite ihres K 1 einen Bimetallstreifen ein, durch den sich, wenn sich Wasserdampf in der Nähe sammelte, der Kessel von selbst ausschaltete. Dieses Verfahren verhindert noch heute allzu große Dampfentwicklung (oder Schlimmeres) in der Küche. Inzwischen gibt es auch wieder Wasserkocher und -kessel, bei denen die Heizspirale nicht direkt mit dem Wasser in Kontakt kommt. Durch eine größere Wattleistung sind auch sie recht schnell.

Lange Zeit orientierten sich elektrische Wasserkessel am Design der traditionellen auf dem Herd zu erhitzenden Kessel, als Materialien dienten Kupfer und emailliertes Metall. In den 1930er Jahren gab es – dem Zeitgeschmack entsprechend – die ersten verchromten Kessel mit Bakelitgriffen.

Designorientierter wurde der – nun häufig verchromte – Wasserkessel nach dem Zweiten Weltkrieg. Und seit den 1970er Jahren sind Plastikkessel in allen erdenklichen Farben und Formen erhältlich.

DAS WECKGLAS

Das Prinzip des Einkochens – das wir heute auch als »Einwecken« bezeichnen – wurde zu Beginn des 19. Jahrhunderts erstmals praktiziert, als François Nicolas Appert Lebensmittel in verkorkten Gläsern auf 100 °C erhitzte, um die napoleonischen Armeen mit haltbaren Lebensmitteln zu versorgen. Apperts Methode wurde in der Folgezeit vor allem bei der Konservendose angewandt, die (nachdem das Dosenöffner-Problem gelöst war) jedoch den entscheidenden Nachteil hatte, nur industriell hergestellt werden zu können. Was aber machte die Hausfrau mit der Obsternte aus ihrem Garten?

In Gelsenkirchen kam in den 1880er Jahren der Chemiker Rudolf Rempel auf die Idee, dass das appertsche Verfahren mit einer neuen Art von Glasverschluss doch eigentlich in jeden Haushalt anwendbar sein musste: Er schliff die oberen Ränder von Gläsern glatt und schloss sie oben mit Gummiringen und Blechdeckeln. Während des Einkochprozesses mussten die Gläser durch ein Gewicht auf dem Deckel geschlossen gehalten werden, doch durch den im Glas entstehenden Unterdruck wurde dieser dann von selbst gehalten. Für seine Erfindung erhielt Rempel – der sein Verfahren unter der Mitwirkung seiner Frau an den Wochenenden mit allerlei Lebensmitteln erprobte und verbesserte – 1892 ein Patent, 1893 starb er, hatte aber schon einige Gläser verkauft. Einer seiner Kunden war der Unternehmer Johann Carl Weck, der 1895 das Patent Rempels erwarb. Weck war Vegetarier und überzeugter Abstinenzler, und so war für ihn die Möglichkeit, Früchte ohne den Zusatz von Alkohol zu konservieren, von großem Interesse. Schon bald nahm er die Produktion der sogenannten Weckgläser auf, die das Glas und das Dichtgummi mit einem Glasdeckel kombinierten, der während des Einkochens durch eine Metallklammer gehalten wurde.

Der Vertrieb der Weckgläser gestaltete sich anfangs schwierig – wussten die Kundinnen mit dem Verfahren Wecks doch nicht viel anzufangen. Nur in Emmerich am Niederrhein war der Absatz enorm hoch. Dies war auf die Bemühungen eines der Vertriebspartner Wecks zurückzuführen: Der Kaufmann Georg van Eyck bot die Gläser nicht nur an, sondern führte auch vor, wie sie zu benutzen waren. Weck und van Eyck taten sich zusammen und gründeten 1900 im badischen Öflingen die Firma J. Weck & Co. Auf Anregung van Eycks, der auch für die außerordentlich progressive Werbung der Firma verantwortlich war, stellte das Unternehmen Hauswirtschaftslehrerinnen ein, die insbesondere in Küchen, die als Multiplikatoren dienen konnten (beispielsweise in Kochschulen oder Pfarrhäusern) Einweck-Unterricht gaben. Van Eyck war es auch, der die Produktpalette der Firma Weck durch Einkochtöpfe, Thermometer und viele andere Utensilien erweiterte und auf den auch das Erdbeer-Logo des Unternehmens zurückgeht. Nicht zuletzt erwarb van Eyck schon bald eine Glashütte bei Cottbus, in der bis zum Ende des Zweiten Weltkriegs Millionen und Abermillionen von Weck-Gläsern hergestellt wurden.

Bis in die 1960er Jahre war das Einwecken (das Wort findet sich schon im Duden von 1907) in fast jedem Haushalt üblich, doch ging es mit dem Aufkommen durch Tiefkühlgeräte und aufgrund der von den Jahreszeiten weitgehend unabhängig gewordenen Versorgung mit den meisten Lebensmitteln zurück. Inzwischen wird jedoch wieder mehr eingekocht und vor allem Marmelade in Weckgläser gefüllt.

KLEIDUNG, GESUNDHEIT UND HYGIENE

DIE BRILLE

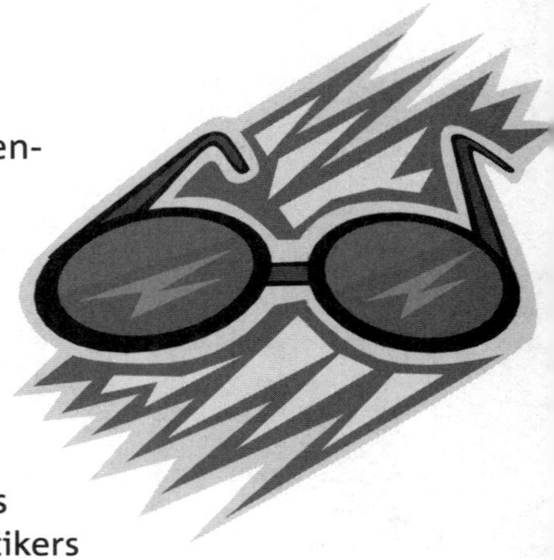

Lange Zeit hatten fehlsichtige Menschen ein Problem – vielleicht mit Ausnahme des griechischen Physikers Archimedes, der im 3. Jahrhundert v. Chr. die Brechungsgesetze von Linsen untersuchte und einen Kristall zur Korrektur seiner Sehkraft benutzt haben soll. Erst als um 1240 der *Schatz der Optik* des arabischen Optikers und Mathematikers al-Hasan ins Lateinische übertragen wurde, waren in Europa die Voraussetzungen für eine Sehhilfe gegeben. Al-Hasan hatte Anfang des 11. Jahrhunderts die auf Ptolemäus zurückgehende Theorie der Lichtbrechung weiterentwickelt und beschrieben, dass eine gewölbte Glasoberfläche einen Gegenstand optisch vergrößern kann. Auch hatte er aus Glas sogenannte Lesesteine hergestellt, die Vorläufer der Lupe. Möglicherweise war es der für das Domkapitel von Toledo tätige Gerhard von Cremona, der Al-Hasans Schrifts in die Lingua franca des Mittelalters übersetzte, und diese Schrift verbreitete sich rasch in Klosterkreisen. Wahrscheinlich waren die neuen optischen Theorien direkt bei der Zielgruppe angelangt: bei den zur Alterssichtigkeit neigenden Mönchen, die zudem über handwerkliche Fähigkeiten verfügten und bald ebenfalls lupenartige Lesesteine und -gläser herstellten.

Die »Erfindung« der Brille wird unter anderem dem englischen Franziskanermönch Roger Bacon zugeschrieben, der sie in seinem 1299 erschienenen *Opus Magnum* beschreibt, wie auch dem Florentiner Salvino degli Armati und dem Mönch Alessandro della Spina aus Pisa, die ebenfalls Ende des 13. Jahrhundert Brillen hergestellt haben sollen. Kurz darauf muss sich die Brille verbreitet haben, zeigen doch Fresken ab der Mitte des 14. Jahrhunderts zunehmend Apostel und Kirchenväter mit dieser neuartigen Sehhilfe. All diese Brillen hatten einen einzigen, die Augengläser verbindenden Bügel und mussten per Hand festgehalten werden. Auch konnten ihre konvexen Linsen nur die Weitsichtigkeit korrigieren.

Brillen wurden zunächst vor allem in Venedig, dem europäischen Zentrum der Glasindustrie schlechthin, hergestellt, und hier vor allem auf der Insel Murano, deren Glasarbeiter um jeden Preis isoliert wurden. Dennoch verbreitete sich die Brille in den gebildeten und wohlhabenden Schichten Europas. Kleidsam war sie lange nicht – ein »Zwicker« mit dicken Gläsern und Gestell wurde mit der Hand gehalten oder durch Schnüre am Kopf befestigt. Erst 1727 konstruierte der englische Optiker Edward Scarlett die erste Brille mit Ohrenbügeln. Konvexe Linsen für Kurzsichtige wurden seit dem 15. Jahrhundert hergestellt, und es war der amerikanische Naturwissenschaftler, Erfinder und Politiker Benjamin Franklin, der in den 1760er Jahren die Bifokalbrille erfand.

Mit der Industrialisierung verbreitete sich die Brille, die nun für weniger Geld produziert und verkauft werden konnte, in den Oberschichten aber ihre Stellung als Statussymbol verlor. Die Damen der Viktorianischen Zeit vermieden es, in der Öffentlichkeit eine Brille zu tragen – ein Umstand, der zum Bild der hilflosen Frau in dieser Zeit gepasst haben mag. Auch aufgrund der vorherrschenden Schönheitsideale war das Brilletragen für Frauen lange Zeit problematisch – die Alternative Kontaktlinse bot sich erst seit etwa 1970. Erst in den letzten Jahrzehnten hat die Brille mit der Einführung neuer, leichterer Materialien für Gläser und Gestelle, die auch dem Brillendesign neue Impulse verliehen, wieder an Popularität gewonnen.

DER BÜSTENHALTER

Seit über 4000 Jahren machen sich Frauen (und Männer) Gedanken über den Büstenhalter. Überraschend ist, dass Frauen von der Antike bis ins Hochmittelalter ihre Brust durch Stoffstreifen flachpressten. Allein aus der Minoischen Kultur (3. Jahrtausend v. Chr.) kennen wir Darstellungen von Frauen in einem Miederleibchen, das die Brüste freigibt.

Erst im 16. Jahrhundert wurde der weibliche Körper wieder betont – die Brüste durften üppig ausfallen, die Taille sollte möglichst schmal sein. Dies erzielte man vor allem im 18. und 19. Jahrhundert durch Korsetts mit einem Gerüst aus Walbein oder Metall, in die sich die Frau (häufig mit fremder Hilfe) mit Bändern einschnürte. Seit dem Ende des 18. Jahrhunderts wurden die Brüste durch Polstermaterial wie Wolle oder Baumwolle zusätzlich betont. Lediglich von etwa 1795 bis 1820 wurden die Frauen in Europa vorübergehend vom Korsett befreit – die *liberté* der Französischen Revolution war in der Mode ankommen, und man trug weite, fließende antikisierende Kleider und darunter einfache, manchmal wattierte Brustleibchen.

Im weiteren Verlauf des 19. Jahrhunderts zwängte sich die modebewusste Frau wieder ins Korsett, das seine Trägerin häufig so einengte, dass die Damen des Viktorianischen Zeitalters in männlicher Gesellschaft und der entsprechenden Kleidung während der Mahlzeiten praktisch nichts aßen. Gleichzeitig wurden endlich berechtigte Bedenken gegen die gesundheitliche Zuträglichkeit des Korsetts laut. Mit einer länderübergreifenden Reformbewegung gegen das Korsett entstanden die Vorformen des heutigen Büstenhalters, der schließlich industriell hergestellt wurde: 1875 entwickelten die Amerikaner George Frost und George Phelps den populären »Union Under-Flannel«, der auf

Korsettstangen und -bänder verzichtete; 1889 entwarf die Französin Herminie Cadolle ein Unterkleid mit BH-Einsatz; 1891 erwarb der Deutsche Hugo Schindler ein Patent für seinen »Brusthalter«. 1893 wurde der »Breast supporter« der New Yorkerin Marie Tucek patentiert, der mit Körbchen, Schulterträgern und Häkchen-Östen-Verschluss dem heutigen BH schon sehr nahekam, aber nicht vermarktet wurde. Zwei Jahre später ließ Christine Hardt aus Dresden ihr »Frauenleibchen als Brustträger« aus zwei Taschentüchern und verstellbaren Hosenträgern patentieren. In Schwaben wurde 1904 die »Bruststütze ohne Unterteil« des Korsettmachers Meyer-Illschen entwickelt, und 1912 fertigte Sigmund Lindauer in Cannstatt den ersten Büstenhalter in Serie.

Etwa gleichzeitig erfand in den USA Mary Phelps-Jacobs (mithilfe ihrer Zofe) einen Büstenhalter aus zwei Tüchern und einigen Bändern: Sie hatte ein Kleid aus fließendem Stoff nähen lassen, unter dem sich ein Korsett nicht gut ausnahm. Phelps-Jacobs ließt sich ihren BH 1914 patentieren und verkaufte das Patent an die Warner Brothers Corset Company – auch in den USA begann hiermit die industrielle Herstellung von Büstenhaltern.

Das Kleidungsstück setzte sich mit der zunehmenden weiblichen Emanzipation während des Ersten Weltkriegs und in den 1920er Jahren durch, es wurde zunächst aus Leinen, dann auch aus hautfreundlichen Stoffen wie Seide und Batist hergestellt. In den konservativeren 1930er Jahren trug man wieder Mieder, mit dem es jedoch in der Nachkriegszeit ein Ende hatte. In dieser Zeit wurden in den USA auch die heutigen BH-Körbchengrößen eingeführt.

DAS DEODORANT

Seit der Antike verdecken die Menschen den eigenen Körpergeruch, mal durch Wasser und Seife, mal durch Parfum. Doch lässt nicht nur Schmutz, sondern auch Schweiß den Menschen unangenehm riechen – und diesen konnte man lange Zeit nicht ursächlich bekämpfen. Erst im 19. Jahrhundert erkannte man, dass die zwei bis drei Millionen Schweißdrüsen des menschlichen Körpers und die sich auf ihnen ansiedelnden Bakterien, die den frischen Schweiß zersetzen, für die Geruchsbildung verantwortlich sind.

Schon die ersten Deodorants enthielten Substanzen, die sowohl die Feuchtigkeit, also die Schweißproduktion, hemmen als auch Bakterien bekämpfen. Hierzu verwendete man zunächst Ammoniaktinktur – was nicht gerade hautfreundlich war. Ein erstes Deodorant auf Zinksalben-Basis namens Mum gelangte in den 1920er Jahren in den USA auf den Markt. Sein Erfinder ist nicht namentlich bekannt, doch wurde es ab 1931 von der Firma Bristol Myers vertrieben. In den 1940er Jahren löste Aluminiumchlorid, der noch heute aktuelle Deo-Wirkstoff, die Zinksalbe ab.

Etwas später brachte der sich gerade auf dem Markt verbreitende Kugelschreiber Helen Barnett Diserens bei Bristol Meyers auf die Idee, das sich dessen Rollprinzip auch auf andere Produkte übertragen ließ: Der Deoroller entstand. 1965 wurde das Deospray eingeführt – das inzwischen jedoch aufgrund seines umweltschädlichen Treibmittels FCKW weitgehend der Vergangenheit angehört. So kann man es durchaus vermeiden, als wandelnde Geruchsbelästigung aufzutreten – dies wissen auch die Musiker der britischen Rockband Coldplay zu schätzen, die mit der »Ode to Deodorant« einen ihrer ersten Songs aufnahmen.

DAS HEFTPFLASTER

Auch das Heftpflaster, das im Deutschen »offiziell« Wundschnellverband heißt, wurde auf verschiedenen Kontinenten erfunden. Zuerst war es der Hamburger Apotheker Paul Carl Beiersdorf, dem 1882 das Patent für seine »Guttaperchapflastermulle« erteilt wurde (ein Mullgewebe, das mit dem eingetrockneten Saft des Guttaperchabaumes elastisch gemacht wurde) und der diese zusammen mit dem Dermatologen Paul Gerson Unna auf den Markt brachte. Hiermit war der Grundstein für die heutige Beiersdorf AG gelegt, 1890 wurde die Firma jedoch an den Apotheker Oscar Troplowitz verkauft. Diesem misslang die Erfindung eines gut haftenden, aber dennoch hautfreundlichen Pflasters, doch entdeckte er etwas, aus dem sich das Tesafilm entwickeln sollte ...

Der deutsche Wundschnellverband scheint in den Vereinigten Staaten nicht vertrieben worden zu sein, denn hier verletzte sich in den 1920er Jahren eine Dame namens Josephine Dickson so häufig, dass ihr Ehemann Earle, der bei dem Hersteller pharmazeutischer Produkte Johnson & Johnson in Lohn und Brot stand, ein eigenes Pflaster entwickelte und gleich auf Vorrat herstellte. Dieses Pflaster bestand aus medizinischem Klebeband und einem Stück Mull als Wundauflage. Dickson führte es seinem Chef James Johnson vor, der es umgehend in die Produktpalette der Firma aufnahm. Der Verkauf ließ sich nur schleppend an – doch kamen die Pfadfinder mit ihren guten Taten zu Hilfe. Diese hatten nämlich von Johnson & Johnson Gratis-Pflaster erhalten und waren so zuvorkommend, sich so oft zu verletzten, dass das später als »band-aid« bezeichnete Produkt häufig zum Einsatz kam und allgemein bekannt wurde.

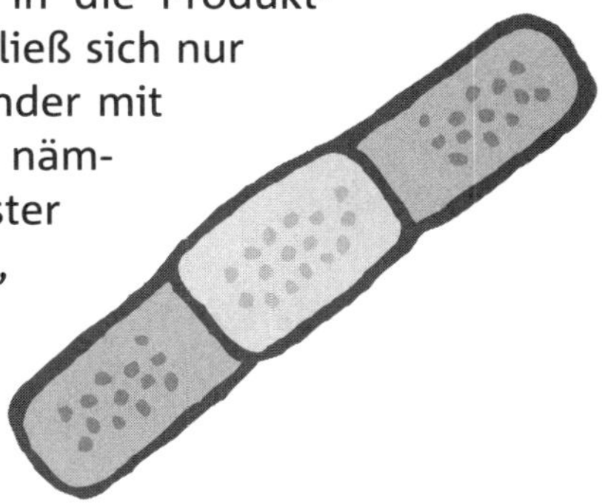

DIE HOSE

In unterschiedlichster Gestalt gibt es das Kleidungsstück Hose schon seit sehr langer Zeit. Insbesondere die nomadischen Reitervölker Eurasiens trugen nachweislich seit dem 1. Jahrtausend v. Chr. Hosen – kein Wunder, ist doch ein Rock auf dem Pferd nicht sonderlich praktisch. Zudem ist die Hose das beim Übernachten in der kalten Steppe sicherlich wärmere Kleidungsstück. Neben gewickelten Beinlingen zählte auch für die Kelten und dann die Germanen die weite Hose (die oben mit einem Gürtel zusammengehalten wurde) zu den Standard-Kleidungsstücken.

Bei den Römern galt die Hose als barbarisch, und lange Zeit war den römischen Legionären auch in Nordeuropa verboten, dieses wärmende Kleidungsstück zu tragen. Im Frühmittelalter kleidete man sich in Europa sowohl in lange Hosen als auch in schmale Beinlinge oder die Brouche (welche aber eher der in einem eigenen Artikel beschriebenen Unterhose ähnelt). Und die Beinlinge waren es, die sich in den folgenden Jahrhunderten als Herrenoberbekleidung weiterentwickelten, Mitte des 15. Jahrhunderts (beim Kürzerwerden des Obergewandes) zur Strumpfhose und dann immer kürzer und zur Kniehose wurde, die bis ins 18. Jahrhundert getragen wurde. Während die meisten Schichten gerade Kniehosen aus Wolle oder der Adel im 17. Jahrhundert eine Rockhose trugen, wurde in gehobenen und adligen Kreisen ab dem 18. Jahrhundert die zu seidenen Strümpfen getragene eng anliegende Kniebundhose oder Culotte aktuell – deren dünner Trikotstoff so manchen Körperteil nicht verbergen konnte.

Die knöchellange gerade Hose wurde erst durch die Sansculottes (die Georg Büchner in *Dantons Tod* als »Ohnehosen« bezeichnete) während der Französischen Revolution eingeführt, entledigte sich ihren revolutionären Images aber alsbald. Nach anfänglichen Verboten wurde dieser Hosentypus ab dem beginnenden 19. Jahrhundert zum Standard, wozu auch die neuartigen Nähmaschinen der Industriellen Revolution ihren Teil beitrugen: Nur sie waren in der Lage die besonderen Belastungen ausgesetzte Schrittnaht kostengünstig zu nähen. Zunächst lag auch die nun modische Hose noch recht eng am Körper an – dann wurde sie weiter, und die ersten (vor der Erfindung des Reißverschlusses geknöpften) Hosenschlitze wurden um 1850 eingenäht. – Von den sich in den folgenden Jahrzehnten ständig ablösenden Hosenarten seien nur noch die Jeans erwähnt, die nach dem Zweiten Weltkrieg den Markt eroberten.

Die Frauenhose war in Europa – im Gegensatz zu Asien, wo Rock und Hose generell nicht so sehr den Geschlechtern zugeordnet werden – lange Zeit ein Tabu, das erst ab dem ausgehenden 19. Jahrhundert langsam gebrochen wurde. Dennoch trugen Frauen Hosen zunächst nur für bestimmte Aufgaben, beim Sport, beim Reiten oder beim Radfahren. Erst im Ersten Weltkrieg, als die Frauen unter anderem in Overalls Fabrikarbeit leisteten, und in den 1920er Jahren setzte sich die Frauenhose in weltoffeneren Kreisen auch als alltägliches Kleidungsstück durch. Ein Rückschlag kam im Deutschland der Nazizeit, in der Frau bestenfalls eine Arbeitshose trug. Und auch nach dem Zweiten Weltkrieg durften Frauen und Mädchen an bestimmten Schulen und interessanterweise auch in einigen Luxushotels keine Hose tragen. Dies war erst Ende der 1960er Jahre vorbei – die Mode revanchierte sich mit der Erfindung des Hosenanzugs und den Hot Pants, die ab dem Sommer 1971 konservative Gemüter schockierten.

DER KLEIDERBÜGEL

Was tat der Mensch vor der Erfindung des Kleiderbügels? Faltete er Kleider und Hemden sorgfältig? Oder wurden viele Kleidungsstücke auf Haken gehängt – übereinander und nicht gerade stofffreundlich?

Als um 1850 die Frauenmode wieder einmal recht ausladend geworden war, war die Schmerzgrenze offenbar erreicht: Die ersten Kleiderbügel wurden verwendet, und schon bald schuf man die interessantesten, mehr oder weniger zweckmäßigen Drahtkonstruktionen. Durchsetzen konnte sich erst ein Drahtbügel des amerikanischen Erfinders Albert J. Parkhouse: Dieser arbeitete bei der Timberlake Wire and Novelty Company in Jackson, Michigan, und war im Jahr 1903 – der Name der Firma ist Programm – damit beauftragt, aus Draht etwas Neues zu schaffen: Er bog einen Draht rechts und links zu zwei Rundungen und fügte in der Mitte einen Aufhänger hinzu. Nicht bekannt ist, ob Parkhouse seinen Drahtbügel dem schon bekannten Holzbügel nachempfand (den angeblich Thomas Jefferson vor 1823 erfand) oder ob er seinen Mantel nur nicht immer auf einen schon belegten Kleiderhaken hängen wollte. Tatsache ist, dass die Firma Timberlake mit dem Drahtbügel-Patent von 1904 ein Vermögen verdiente.

Holzbügel stellten in Deutschland ab 1898 schon die Unternehmer Sinram und Wendt her, zuerst in Hannover, dann in Hameln. In Deutschland herrschte lange Zeit der Holzkleiderbügel und später der Schichtholzkleiderbügel vor, der seit einigen Jahren aber vor allem aus Ostasien importiert wird. Seit den 1960er Jahren hat sich der Kleiderbügel aus Kunststoff durchgesetzt, der zumeist aus recycelbaren Polystyrol besteht und ein Kleidungsstück von der Produktion bis zum Verkauf begleiten kann.

DER KLETTVERSCHLUSS

Das letzte Wort in der Verschlusstechnik ist der praktische Klettverschluss. Erfunden hat ihn der Schweizer Ingenieur George de Mestral, der 1941 nach einem Jagdausflug mit seinen Hunden die Kletten, die diese unweigerlich mit nach Hause schleppten, unter die Lupe nahm. Unter dem Mikroskop entdeckte er die winzigen Häkchen der Kletten, die noch nach dem Entfernen aus dem Hundefell funktionstüchtig waren.

De Mestrals Idee, diese Häkchen für ein Verschlussband zu reproduzieren, galt als abwegig, doch fand er in Lyon einen Weber, der ihm half. Ein Prototyp aus Baumwolle funktionierte zwar, verschliss aber schnell, und so griff de Mestral auf das neue Material Nylon zurück. Nach nicht weniger als zehn Jahren Experimentierarbeit, in denen man vor allem das Herstellungsverfahren austüftelte (und feststellte, dass Nylonfäden die erwünschten Häkchen unter heißem Infrarotlicht bilden), konnte de Mestral 1951 auf seinen Verschluss ein Patent anmelden.

Obwohl de Mestral einen hohen Bedarf vorhergesehen und sich die Patente zahlreicher Länder besorgt hatte, ließ sich der Verkauf 1957 schleppend an: Der Verschluss, für den sein Erfinder aus den französischen Worten *velours* und *crochet* – Samt und Haken – die Bezeichnung Velcro geprägt hatte, sah nicht sehr attraktiv aus. Zuerst wurde er in der Raumfahrt eingesetzt (er ist jedoch nicht von der NASA erfunden worden), dann für Ski- und Wassersportkleidung und später für Kinderkleidung. Im Laufe der Zeit fanden sich zahlreiche weitere Anwendungsmöglichkeiten – von den Manschetten von Blutdruckmessgeräten bis zu Kabelbindern. Da de Mestrals Patente 1978 ausliefen, werden Klettverschlüsse heute vor allem in Fernost hergestellt.

DAS KONDOM

Auch die Geschichte des Kondoms ist dazu angetan, uns die Vorzüge moderner Materialien zu vergegenwärtigen – war doch dieses Verhütungsmittel und Geschlechtskrankheiten-Prophylaktikum viele Jahrhunderte lang alles andere als gefühlsecht. Von der Zuverlässigkeit ganz zu schweigen ...

Als Verhütungsmittel wurde das Kondom zunächst nicht eingesetzt, vielmehr sollte es die Männerwelt davor bewahren, sich mit Syphilis, Gonorrhoe oder einer der anderen ältesten Krankheiten der Welt anzustecken. Hierfür bediente man sich im alten Rom, Griechenland oder Ägypten der Gedärme von Tieren, die mit Olivenöl als Gleitmittel vielleicht gerade noch erträglich gewesen sein mögen. Sehr erfolgreich waren sie offensichtlich nicht – denn erst im 16. Jahrhundert entwickelte der italienische Anatom Gabriele Falloppio etwas Vergleichbares. Er tränkte Säckchen aus Leinen mit Medikamenten und Salzen und empfahl diesen Überzieher, der am Penisansatz angeblich mit einem rosa Bändchen befestigt wurde, gegen den »morbo gallico«. Weitere »Fortschritte« waren in der zweiten Hälfte des 17. Jahrhunderts zu verzeichnen, als in England nachweislich häufiger Kondome benutzt wurden. Man sagt, dass der englische König Charles II., dem weiblichen Geschlecht über alle Maßen zugetan, dringend eines Schutzmechanismus bedurfte: Aus Schafsgedärmen entwickelte der königliche Leibarzt Lord Condom ein Präservativ, das wahrscheinlich keine besonderen Vorzüge hatte, doch nun – sehr zur Bestürzung des Arztes

– den Namen seines Erfinders erhielt. Doch möglicherweise geht der Begriff Kondom eher auf das Lateinische *condom* zurück, das mit »Behälter« übersetzt werden kann.

Beliebt waren die Kondome – ob aus chemisch behandeltem Leinen oder aus Schafsgedärmen – nicht, doch in Ermangelung von etwas Besserem verbreiteten sie sich trotz ihres relativ hohen Preises in der Mittel- und Oberschicht Westeuropas, Russlands und auch der USA.

1855 stellte Charles Goodyear, der 1839 das Verfahren der Kautschuk-Vulkanisierung und somit die Herstellung von Gummi entdeckt hatte, das erste Gummikondom her. 1870 wurde es serienmäßig hergestellt – 2 Millimeter dick und mit einer Naht. Ein Kondom hatte damals eine lange Lebensdauer, wurde es doch nach dem Geschlechtsverkehr gewaschen und benutzt, bis es löcherig wurde. Das nahtlose Kondom wurde 1912 von dem Gummiproduzenten Julius Fromm erfunden, der einen Kolben aus Glas in eine Gummilösung tauchte. Doch trotz der die Wirksamkeit betreffenden Fortschritte der »Gummis« dürfte die sexuelle Zufriedenheit der sie benutzenden Männer und ihrer weiblichen Sexualpartner kaum gewährleistet gewesen sein.

Der eigentliche Durchbruch in der Kondomherstellung gelang erst mit der Entwicklung des Latex um das Jahr 1930. Nun konnten die Kondome endlich dünn, einigermaßen gefühlsecht und bei korrekter Anwendung relativ sicher sein, sie waren preiswert herzustellen und – in den meisten Ländern – ohne große Probleme erhältlich. Inzwischen sind Kondome in den unterschiedlichsten Formen, Größen, Stärken und Farben erhältlich. Sie spielen nicht allein als Verhütungsmittel und als Schutz vor Geschlechtskrankheiten eine Rolle, sondern sind auch im Kampf gegen die Immunschwäche-Krankheit AIDS unverzichtbar.

DIE KONTAKTLINSE

Sobald die Brille im ausgehenden Mittelalter und der Renaissance einen gewissen Bekanntheitsgrad erreicht hatte, wurde auch die Idee geboren, eine kleinere Glaslinse direkt ans Auge zu setzen. Wohl als Erster machte Leonardo da Vinci 1508 einen entsprechenden Vorschlag: Die Lichtstrahlen sollten durch Wasser in einem Glasröhrchen gebrochen werden, das am Augenende offen war.

1636 entwickelte René Descartes da Vincis Idee weiter. Er wollte eine Glasröhre von einem halben Zentimeter Durchmesser an einem Ende mit einer Mikroskoplinse versehen. Angeblich probierte im Jahr 1801 der Brite Thomas Young eine auf diesen Überlegungen basierende »Augentasse« selbst aus. – Da aber diese Linsen auf irgendeine Art festgehalten werden mussten und verständlicherweise noch niemand auf die Idee gekommen war, sie direkt ins Auge zu setzen, stellten sie gegenüber der Brille kaum eine Verbesserung dar.

1827 überlegte der britische Astronom John Herschel, eine der Krümmung des Augapfels exakt angepasste Glaslinse im Auge zu verwenden, doch wurde dies erst in den 1880er Jahren Realität: Sowohl der Pariser Edouard Kalt als auch der deutsche Arzt Adolf Eugen Fick stellten Glaslinsen her.

Fick erprobte 1887 seine Skleralschalen aus braunem Glas, die einen Durchmesser von 23 Millimetern hatten, an Kaninchen aus und setzte sie sich dann selbst und Freiwilligen ins Auge: Sie funktionierten zwar, doch war es nicht gerade angenehm, sie zu tragen.

Auch nachdem in den 1930er und 1940er Jahren Acrylglaslinsen in Deutschland und in den USA gefertigt worden waren, die mit einem Durchmesser von nurmehr 10 Millimetern komfortabler waren, entschieden sich nur wenige fehlsichtige Menschen für diese Art von Sehhilfe. Noch war der Tragekomfort einfach nicht gegeben, auch angesichts der fehlenden Sauerstoffdurchlässigkeit der Linsen. Erst 1960 gelang es dem tschechischen Chemiker Otto Wichterle, die weiche Hydrogel-Kontaktlinse zu entwickeln. Er arbeitete zu Hause, und zur Herstellung verwendete er angeblich Geräte, die er aus einem Baukasten für Kinder konstruiert hatte. Das Patent wurde ohne Wichterles Wissen von der Tschechoslowakischen Akademie der Wissenschaften (deren Mitglied er war) in die USA verkauft. Dort wurden 1971 weiche Kontaktlinsen allgemein erhältlich.

Die Fortschritte in der Kunststofftechnik haben sowohl die weiche Linse als auch die harte, gasdurchlässigere und somit augenverträglichere Kontaktlinse (die 1976 eingeführt wurde) ständig verbessert. 1980 gab es die ersten Farblinsen, 1982 kamen die Bifokallinsen auf den Markt und 1987 die Einmal-Linsen. Vor der Ultraviolett-Strahlung der Sonne schützt seit 1996 eine neue Kontaktlinse; und 1999 wurden die ersten Silikon-Hydrogel-Linsen angeboten, die auch nachts getragen werden können. Kontaktlinsen können auch weitergehende Augenkorrekturen vornehmen, so werden torische Linsen und Nachtlinsen gegen Hornhautverkrümmungen eingesetzt. Eher weniger als Sehhilfe geeignet sind Motivlinsen, die häufig sehr viel größer sind als die üblichen Kontaktlinsen und zum Beispiel Tier- oder Comicmotive haben. Sie sollten nur wenige Stunden lang mit reichlich Augentropfen getragen werden.

DER LIPPENSTIFT

Heute ist der Lippenstift das meistgekaufte Kosmetikum schlechthin – und das ist bei der überreichen Angebotspalette der Industrie wirklich eine Leistung. In Deutschland verwenden laut Untersuchungen des Verbandes der Vertriebsfirmen Kosmetischer Erzeugnisse 87 Prozent aller Frauen einen Lippenstift. Auch gehört die Bemalung der Lippen wohl zu den ältesten kosmetischen Maßnamen: Im Zweistromland wurde bei Ausgrabungen in der Stadt Ur eine Lippensalbe entdeckt, im alten Ägypten wurde Henna auf die Lippen aufgetragen, und auch die Römerinnen hielten einen roten Mund für selbstverständlich.

In »sittsameren« Zeitaltern galt das Schminken und somit auch das Färben der Lippen als weniger erwünscht und war häufig ein Kennzeichen von Damen zweifelhaften Rufes. Doch im lebensfrohen 18. Jahrhundert trugen auch die adligen Damen eifrig Lippenrot auf – was wiederum im prüderen 19. Jahrhundert als gar nicht mehr fein galt.

Ins Gespräch brachte sich die Lippenfarbe erneut, als vor 125 Jahren auf der Weltausstellung in Amsterdam die Pariser Kosmetik-Hersteller ein neuartiges Produkt anboten: Hatte man bis zum Jahr 1883 Lippenfarbe Töpfen und Tiegeln entnommen, wurde nun eine in Seidenpapier gewickelte Stange aus Lippenfarbe präsentiert, die unter dem verführerischen Namen »Stylo d'amour« die Damenwelt anlocken sollte, selbige aufgrund ihrer Unansehnlichkeit und des hohen Preises aber vorerst eher abschreckte. Doch war der Kosmetikindustrie klar, welches Potential im »Liebesstift« steckte, der sich nicht zuletzt dank zielgruppengerechter Werbung bald durchsetzte: Die Schauspielerin Sarah Bernardt gehörte zu den ersten Frauen, die den »Stylo d'amour« anpriesen, und seit den 1920er Jahren gehören Filmstars zu den wertvollsten Werbeträgerinnen für die Entwicklungen der Kosmetikindustrie.

Zunächst war der Lippenstift ein Luxusprodukt, das um 1910 unter anderem vom Parfumeur Guerlain für seinen kleinen, aber reichen Kundinnenkreis hergestellt wurde. Interessanterweise verwendeten ihn zur selben Zeit die Suffragetten, die nicht nur für das Frauenwahlrecht, sondern auch gegen die überkommenen Moralvorstellungen des 19. Jahrhunderts eintraten. Wenig später entwickelte der Franzose Maurice Lévy eine Metallröhre, in der der Lippenstift ansprechend (und stoßfest) aufbewahrt werden konnte. Um 1920 wurde es demokratischer, als die Kosmetikhersteller den Lippenstift in größerer Menge produzierten – darunter Helena Rubinstein, die in New York mit dem »Lip lustre« einen der ersten erschwinglichen Lippenstifte auf den Markt brachte. Nach dem Zweiten Weltkrieg wurde der Lippenstift zum meistverwendeten kosmetischen Accessoire – und er wurde auch immer praktischer, als 1949 die ersten Stifte mit Drehmechanik erhältlich waren. Noch im selben Jahr ergänzten sich Lippenstifte und Konturenstifte, und 1950 waren die ersten wirklich »modernen« Lanolin-Stifte marktreif.

Über die Verwendung von Lippenstift wird heute nicht mehr diskutiert – nun sind es die Farben, die dem Zeitgeschmack unterworfen sind: Während in den 1950er Jahren das »klassische« Rot vorherrschte, bevorzugten die farbenfrohen 1960er leuchtendere Töne und Rosa. In den 1980er Jahren wagte Frau das Auftragen von pinkem Lippenstift, der im fuchsienfarbenen »Rouge Pur No. 19« von Yves Saint-Laurent gipfelte, eine Vorliebe, die in den 1990ern von natürlicheren Beige- und Pastelltönen abgelöst wurde.

DER NYLONSTRUMPF

Das erste Kapitel in der Geschichte des Nylonstrumpfes ist eine weitere Folge aus der Serie »zufällige Erfindungen«: 1927 entschied sich die amerikanische Firma DuPont, sich der Grundlagenforschung zu widmen und das neue Gebiet der Polymere zu erkunden – lange Molekülketten, die bereits in natürlichen Materialien wie Kautschuk und Seide vorkommen, doch sich, so hoffte man, leichter aus anderen Rohstoffen wie Öl oder Kohle gewinnen und zu Kunststoffen verarbeiten ließen. Als Leiter dieses Forschungslabors konnte DuPont 1928 den Chemieprofessor Wallace Carothers gewinnen, dessen Mitarbeiter Julian Hill eines schönen Tages im Februar 1935 einen Glasstab in einen Becher mit flüssigem Polyester tauchte. Als er den Stab wieder aus dem Glas zog, blieben an ihm lange Fäden hängen. Angeblich warteten Hill und seine Kollegen, bis Carothers das Labor verlassen hatte, und zogen dann einen nicht enden wollenden Faden die Korridore lang. Hiermit hatten sie eine signifikante Entdeckung gemacht: Durch das Kaltziehen reihen sich die Polymer-Moleküle aneinander und verfestigen sich zu einem ungeheuer stabilen Faden (dies gelingt nicht, wenn man die Moleküle zusammenzuballen versucht).

Die Firma DuPont verarbeitete diese erste vollkommen synthetisch produzierte Faser, die alsbald den Namen Nylon erhielt, zuerst zu den Borsten von Zahnbürsten und zu Angelschnüren. Doch dann erkannte man eine weitere Marktlücke: Damenstrümpfe waren zu dieser Zeit meistens aus Seide und somit nicht unbedingt reißfest. Würde sich Nylon nicht ganz ausgezeichnet als Strumpfmaterial eignen?

Nach dem Probelauf mit einem »Nylon-Tempel« auf der New Yorker Weltausstellung von 1939 und einer ersten Verkaufsaktion, bei der in Wilmington, dem DuPont-Firmensitz, innerhalb weniger Stunden 4000 Paar Nylonstrümpfe weggingen, begann der Verkauf im großen Stil: Auf eine gekonnte Werbekampagne ist zurückzuführen, dass an vier Maitagen des Jahres 1940 sage und schreibe 4 Millionen Paar Strümpfe verkauft wurden. Dies überrascht insofern, als Seidenstrümpfe zum damaligen Zeitpunkt preiswerter und zudem viel feiner waren als die ersten Nylons mit ihrer Fadenstärke von 40 Denier – was ungefähr einer Winterstrumpfhose entspricht.

Die 1940/41 erworbenen Nylonstrümpfe mussten lange vorhalten: Beim Kriegseintritt der USA wurde das neue Material zur Produktion von kriegswichtigen Produkten wie Seilen, Reifen, Zelten und Fallschirmen benötigt, und patriotisch spendeten die amerikanischen Frauen ihre neuen Nylons dem Militär. Doch kam es nach Kriegsende im September 1945, als das Objekt der weiblichen Begierde endlich wieder im Handel zu haben war, zu wahren Nylon-Aufständen, als die Frauen die Kaufhäuser stürmten. Im kriegszerstörten Europa wurden Nylonstrümpfe zum begehrten Tauschartikel und geradezu zu einer Ersatzwährung.

In den nächsten Jahren und Jahrzehnten wurden Nylonstrümpfe immer feiner: 1951 waren hauchdünne 10 Denier erreicht. 1955 verlor der Strumpf durch die Rundstrickmaschine die hintere Naht, die sich während des Zweiten Weltkrieges viele Frauen in Ermangelung richtiger Strümpfe auf die Beine gemalt hatten.

Ende der 1960er Jahre wurden die bisher mit Strumpfhaltern und -bändern gehaltenen Einzelstrümpfe zur Nylonstrumpfhose zusammengefügt, nicht zuletzt, weil Strumpfhalter zu Minirock und Hot Pants so gar nicht passen mochten.

DAS PAPIERTASCHENTUCH

Ursprünglich fungierten Taschentücher als Schweiß- oder Ziertücher – zum Naseputzen benutzte man bis ins 18. Jahrhundert die Finger. Erst mit der zunehmenden Verbreitung des Schnupftabaks benutzte man ein Tuch, um sich zu schnäuzen, und lange Zeit tat auch das nur der Adel. Neue Webtechniken führten ab dem 18. Jahrhundert dazu, dass dünner Stoff preiswerter produziert werden konnte, und im 19. Jahrhundert wurde das Taschentuch endgültig zum alltäglichen Gegenstand, in den man – nicht nur, aber auch – schnäuzte.

Zwar ist es unpraktisch, Stofftaschentücher immer wieder zu waschen und zu bügeln, doch zunächst war die Zeit für Wegwerfartikel nicht reif. 1894 wurde einem Herrn Krum, einem Papierfabrikanten aus Göppingen, ein erstes deutsches Patent für ein Papiertaschentuch erteilt, welches damals durch Tränken mit Glycerin weich gemacht wurde, sich aber nicht sonderlich gut verkaufte.

Bis zu den – noch heute üblichen – Einmal-Taschentüchern sollte es weitere 35 Jahre dauern: Erst 1929 erhielten die Vereinigten Papierwerke Nürnberg ein entsprechendes Patent – das, möglicherweise nach der Idee des Werksmitinhabers Oskar Rosenfelder, auf den dynamischen Namen Tempo getauft wurde, der dem Zeitgeist vor der Weltwirtschaftskrise entsprach. Diese Taschentücher bestanden aus Zellstoffpapier, das ebenfalls einen Glycerinzusatz erhalten hatte.

Zur selben Zeit kamen auch in den USA die ersten Papiertaschentücher auf den Markt: Die Firma Kimberly-Clark brachte das Produkt Kleenex heraus. Kimberly-Clark hatte seit 1924 aus dem saugfähigen Baumwollersatzstoff Zellstoffwatte, der im Ersten

Weltkrieg als Verbandsmaterial entwickelt worden war, ein Einweg-Papierhandtuch hergestellt. Doch hatten die Amerikaner schon seit einiger Zeit Toilettenpapier und andere weiche Papiere als Taschentücher zweckentfremdet. Ein entsprechendes Kunden-Feedback erreichte die Firma Kimberly-Clark, die ihr neues Papierhandtuch nun in Taschentuchformat brachte und erfolgreich vermarktete.

In der Folgezeit teilten sich die beiden Firmen den Weltmarkt auf, Tempo dominierte auf dem europäischen Markt, Kleenex in Amerika und Asien. Sie sind noch immer Marktführer, obschon insbesondere in den 1960er Jahren kleinere Papiertaschentuch-Produzenten hinzukamen, und die Worte Tempo und Kleenex haben sich als Synonyme für das Papiertaschentuch eingebürgert.

Papiertaschentücher werden insbesondere verwendet, weil sie als Einwegprodukte nicht gewaschen werden müssen, und auch, weil es hygienischer ist, die Schnupfennase nicht immer mit demselben Tuch zu putzen, das alsbald nur noch die Bezeichnung Rotzfahne verdient. Und natürlich tun alle Produzenten das ihre, um die Menschheit mit immer neuen Taschentuch-Kreationen zu beglücken, bei denen die Grenzen vom Gebrauchsartikel zum Lifestyle-Produkt fließend sind. Eine besondere Bedeutung kommt in diesem Zusammenhang der schnellen Verfügbarkeit des Papiertaschentuches zu: Während Kleenex schon 1928 eine Pop-up-Box entwickelte, aus der dem gerade herausgezogenen Tuch das nächste folgt, führte Tempo 1975 die bahnbrechende Z-Faltung ein, durch die sich das Taschentuch mit nur einer Hand in Sekundenschnelle entfalten und benutzen lässt.

DER RASIERER

Rasiert haben sich die Männer seit eh und je – erst mit scharfkantigen Steinen, dann mit Metallmessern. Die Römer setzten das Rasiertsein erstmals mit einer zivilisierten Lebensart gleich. Auch wenn Mann zeitweise durchaus Bart trug: Allgemein galt und gilt das glattrasierte Kinn als gepflegter und war über Jahrhunderte Ausdruck eines gehobenen sozialen Standes.

Lange war die Rasiermessertechnik nur so weit ausgereift, dass sich lediglich wohlhabende Männer scharfe Messer und einen in der Rasur qualifizierten Bediensteten leisten konnten. Zwar kamen bereits im 10. Jahrhundert die ersten Klappmesser, Anfang des 16. Jahrhunderts der Rasierschaum und im 18. Jahrhundert verbesserte Stahlmesser auf, doch war das Rasieren derart mühselig, dass es viele einem Barbier überließen. Diese waren lange Zeit von Amputationen bis zum Zähneziehen für so ziemlich alle Eingriffe am menschlichen Körper zuständig und rasierten nicht besonders einfühlsam. Noch im 19. Jahrhundert, als sich Barbiere mit dem Aufkommen anderer medizinischer Berufe auf die Haar- und Bartpflege spezialisiert hatten, wurde kritisiert, dass eine Rasur beim Barbier häufig schmerzhaft war und durch unsaubere Instrumente Hautkrankheiten wie die Bartflechte übertragen wurden.

Als Alternative bot sich mit dem Aufkommen einigermaßen scharfer Messer die Selbstrasur an. Schon früh wurde, um die Verletzungsgefahr zu bannen, ein Sicherheitskamm über die Messerklinge geschoben. 1874 entwickelte der Engländer William Henson den Bart- oder Rasierhobel: In das Oberteil eines T-förmigen Halters wurde eine Rasiermesserklinge eingespannt, und durch den Griff konnte diese endlich problemlos die Haut entlanggeführt werden. Solche Sicherheitsrasierer verkauften sich bis Anfang des 20. Jahrhunderts millionenfach, und auf ihnen baute auch der Rasierer eines Herrn Gillette auf.

Der Handelsvertreter King Camp Gillette suchte Ende des 19. Jahrhunderts nach einer zündenden Produktidee, und sein Arbeitgeber, der Kronkorken-Erfinder William Painter, riet ihm, dass ein Produkt mit einer kurzen Lebensdauer am vorteilhaftesten wäre. Beim morgendlichen Rasieren (wo auch sonst?) kam Gillette die zündende Idee: Eine Rasierklinge, die nicht immer neu geschärft, sondern ausgetauscht werden konnte. Noch war es problematisch, solche Wegwerf-Klingen preiswert und in guter Qualität herzustellen, doch 1902 gelang es Gillette in Zusammenarbeit mit dem MIT-Professor William Nickerson, entsprechende Klingen aus dünnem Stahlblech zu pressen. Diese Klingen mit zwei scharfen Kanten wurden in den bereits bekannten Klingenhalter montiert, und der neue Rasierer kam im Jahr 1903 auf den Markt. Er sollte das Erscheinungsbild des männlichen Gesichtes revolutionieren: Schon bald gehörte es zum guten Ton, sich glatt zu rasieren, und Gillette verkaufte seine Rasierer millionenfach.

Die Konkurrenz ließ nicht lange auf sich warten, und bald stellten zahlreiche Unternehmen die neuen Rasierer her. Das britische Traditionsunternehmen Wilkinson Sword widmete sich 1915 einer neuen Zielgruppe: In einer Werbekampagne suchte es das weibliche Geschlecht davon zu überzeugen, dass Achselhaare unästhetisch und unweiblich seien.

Auch sonst profitierte die Damenwelt von Gillettes Erfindung: Die zunehmende Verbreitung der Selbstrasur machte viele Barbiere arbeitslos, worauf in fast jeder Stadt ein Damenfriseur eröffnete.

DER REISSVERSCHLUSS

Aus der Sicht des Erfinders bietet das Öffnen und Schließen ein reiches Betätigungsfeld – das Öffnen und Schließen von Kleidungsstücken nicht minder. Schleifen, Schlaufen und Knöpfe leisteten zwar gute Dienste, doch fehlte Ende des 19. Jahrhunderts ein einfach und schnell zu bedienender Schließmechanismus.

Zwar hatte sich in den USA bereits 1851 Elias Howe einen Verschluss aus Haken und einer Verbindungsschnur patentieren lassen, doch funktionierte dieser nur mangelhaft. Um 1890 beklagte sich ein Herr – dessen Namen wir nicht kennen, doch von dem wir wissen, dass er korpulent war – bei seinem Freund, dem Ingenieur Whitcomb Judson, dass ihn das Schuh-Zuknöpfen oder -binden immer sehr anstrenge.

Judson hatte eine Idee: Er konstruierte eine Kette von Schnallen, die sich durch einen am Saum der Kette befestigten Schieber öffnen und schließen ließ. Ein Prototyp des für Schuhe gedachten »clasp fasteners« war schnell konstruiert, wurde 1891 patentiert und 1893 auf der Weltausstellung in Chicago ausgestellt. Leider war er noch ziemlich unausgereift, ging zu leicht auf oder klemmte – und fand erst einmal keine Anhänger. Dennoch gründete Judson die Firma Universal Fasteners, aus der später die Automatic Hook and Eye Company wurde und widmete sich der Weiterentwicklung seiner Erfindung.

Der Durchbruch gelang 1908 seinem Mitarbeiter Gideon Sundbäck, der sich von den Schnallenmechanismen aus Haken und Ösen abgewandt hatte und zwei in Stoffbahnen eingesetzte Ketten aus Metallzähnen mit einem Schiebelement kombinierte, das innen »Gänge« in Form eines Y enthielt – sodass es in einer Richtung die speziell geformten Zähne ineinanderpresste und diese in der anderen durch einen Keil wieder auseinanderdrückte. Auch diese, funktionsfähige und 1914 unter dem Namen »Hookless No. 2« patentierte Idee stieß zunächst auf wenig Interesse – bis zum Ersten Weltkrieg: Das amerikanische Militär setzte den neuen Verschluss für Fliegeranzüge und Rettungswesten ein. 1923 wurde er von der Goodrich Company für den Gummi-Überschuh »Mystic Boot« verwendet. Die Vertreter der Firmen monierten den Namen, worauf ihr Direktor entgegnet haben soll: »Wir brauchen einen Namen, der ausdrückt, wie das Ding flutscht« – »... the way the thing zips«. Hiermit war die englische Bezeichnung *zip fastener* geboren, die später in *zipper* abgekürzt wurde.

Das europäische Patent erwarb 1923 der Schweizer Martin Othmar Winterhalter, der das Unternehmen RiRi (Rippen und Rillen) mit Werken in der Schweiz und im deutschen Wuppertal gründete. In Wuppertal wurde dann der Reißverschluss erstmals serienmäßig gefertigt. Um 1930 setzte er sich langsam auch für die Kleidung durch, doch trotz seines dynamischen Images nähte man ihn zunächst ausschließlich in Kinderkleider und Herrenhosen.

Die Männer hatten anscheinend Mühe, sich an das neue Verschlussverfahren zu gewöhnen – die Frauenzeitschriften der damaligen Zeit erinnerten ihre Leserinnen nämlich daran, der Hose des Gatten gelegentlich einen diskreten Blick zu gönnen und ihn gegebenenfalls auf etwas Offengebliebenes hinzuweisen.

Der Sprung in die Damenmode gelang dem Reißverschluss, als die Modeschöpferin Elsa Schiaparelli ihn Anfang der 1930er Jahre in ihren Kreationen einsetzte.

DER SCHWAMM

Schon die Antike kannte den Badeschwamm, und seit damals war der beliebteste Schwammlieferant das im Mittelmeer vorkommende Lebewesen *Spongia officinalis,* das im Deutschen den schönen Namen Gewöhnlicher Badeschwamm erhielt. Doch kann man den Schwamm nicht einfach aus dem Wasser nehmen und anwenden, sondern muss sein »Skelett«, das Spongingerüst, durch Auswaschen, Ausdrücken und Liegenlassen von den »fleischigen« Zellen trennen.

Obwohl zu den Mittelmeerschwämmen im 19. Jahrhundert die Schwämme der Karibik gekommen waren, konnte die Schwammproduktion mit dem wachsenden Reinlichkeitsbedürfnis kaum Schritt halten. Erschwerend kam hinzu, dass man in Unkenntnis über die Fortpflanzungszyklen des Schwamms diesen zu früh im Jahr erntete und seine noch im Schwamm befindlichen Larven tötete.

Deshalb versuchte der Spongienforscher Oskar Schmidt zum Jahrhundertende, die Badeschwämme durch Zerschneiden und Ansiedeln der Teilstücke an Holzpflöcken im Mittelmeer künstlich zu vermehren. Diese Versuche scheiterten daran, dass die Pflöcke vom Pfahlwurm heimgesucht wurden und die Schwammtaucher und -fischer in Istrien und Dalmatien, wo die Versuche stattfanden, die neuen Zuchtanlagen erbost zerstörten.

Der Schwamm blieb also zunächst ein relativ hochpreisiges Produkt – bis in den 1950er Jahren die ersten Schaumgummischwämme aus Polyurethan hergestellt wurden (1937 war es Otto Bayer bei der IG Farben in Leverkusen erstmals gelungen, Polyurethane zu synthetisieren). Dennoch besteht nach wie vor eine Nachfrage nach Naturschwämmen, die im Mittelmeer und in der Karibik von Schwammtauchern geerntet werden.

DIE SEIFE

Seife stellten schon die Sumerer her, die alkalische Pflanzenasche mit Ziegenfett vermengten. Doch strichen sie die Mischung auf Wunden und gaben das Rezept an die Griechen weiter. Erst die Römer entdeckten die reinigenden Eigenschaften der Seife – griffen vorerst aber noch auf Bimsstein zurück, um Schmutzpartikel von der Haut zu entfernen. Sich mit Seife zu waschen, galt als unnötiger Luxus.

Unsere heutige Seife geht auf die Araber zurück, die um das 7. Jahrhundert erstmals Öl und (alkalische) Laugen zu Seife kochten. Über die Mauren gelangte dieses Wissen nach Spanien und schließlich nach Frankreich – Länder, die sich dann in der Seifenproduktion hervortaten. In Marseille wird noch heute traditionell Seife hergestellt. Doch mit dem Auftreten der Pest im 14. Jahrhundert wurden die Badenhäuser geschlossen: Man glaubte, sich durch das gemeinsame Badewasser anzustecken. Die Körperpflege mit Wasser und Seife konnte sich lange nicht rehabilitieren. Noch im 17. Jahrhundert waren die Ärzte der Überzeugung, dass man seinen Körper möglichst wenig Luft und Wasser aussetzen sollte – eine Meinung, der Ludwig XIV. von Frankreich widersprach (der Geruch von ungewaschenen Körpern und Parfum bei Hof muss überwältigend gewesen sein). Er ließ Seifensieder nach Versailles kommen, denen 1688 das französische Reinheitsgebot für Seife folgte.

Einfacher wurde die Seifenherstellung, als 1790 der Franzose Nicolas Leblanc entdeckte, wie sich das als alkalischer Seifenzusatz begehrte Soda künstlich herstellen ließ. Verbessert wurde die Sodaherstellung 1865 durch den belgischen Chemiker Ernest Solvay, und Seife wurde industriell produziert.

DAS SHAMPOO

Standen Sie schon einmal unter der Dusche und kamen in die Verlegenheit, sich die Haare mit Seife waschen zu müssen? Sie werden festgestellt haben, dass Seife das Haar unansehnlich macht – und das Shampoo rückt schnell in die Liste der unverzichtbaren Erfindungen auf. Doch womit wuschen sich die Menschen früher die Haare?

Den Talg (Sebum) der auf dem Kopf befindlichen Talgdrüsen, in dem sich Schmutzpartikel und Schuppen ansammeln, beseitigt auch Zitronensaft recht gut, was sich die alten Ägypter zunutze machten. Um die Zitrone gut verteilen zu können, vermischten sie sie mit ein wenig von ihrer damaligen Seife. Sie hatten so ein Haarwaschmittel erfunden, das lange Zeit in Gebrauch war.

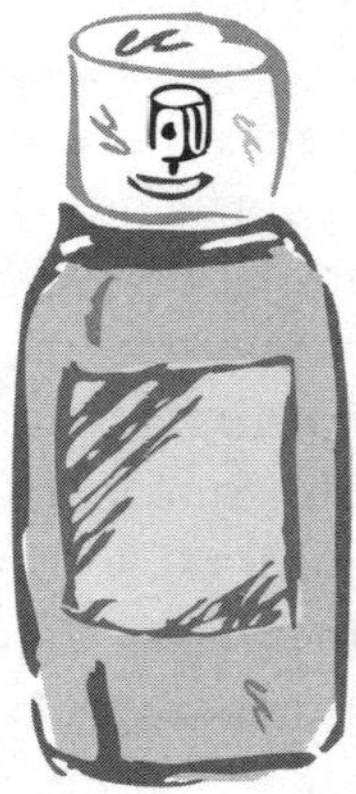

Ab dem ausgehenden Mittelalter brachte man Seifenwasser mit Soda oder Kaliumkarbonat zum Kochen – und erhielt so zwar eine Lösung auf Seifenbasis, die jedoch die Nachteile der Seife im Haar verringerte. Seife verbindet sich nämlich so gut mit dem Talg der Haut, dass sie in gründlich entfernt – das Haar wird stumpf. Die Rezepte für die kostbaren seifenarmen Mischungen, denen häufig Kräuter und Parfümstoffe zugesetzt waren, wurden innerhalb der Familie weitergegeben oder von Drogisten als Betriebsgeheimnis gehütet.

Erst um das Jahr 1890 entdeckten deutsche Chemiker neue waschaktive Substanzen. Diese Tenside waren in der Lage, die Grenzflächenspannung zwischen dem Schmutz der Haare, dem

Talg der Kopfhaut und dem reinigenden Wasser zu verringern – Wasser mit einem Tensidzusatz ist deshalb in der Lage, Schmutz und Fett aus den Haaren zu entfernen, ohne aber das Haar zu sehr zu entfetten. Bald folgten die ersten modernen Haarwaschmittel: 1904 entwickelte der Berliner Drogist Hans Schwarzkopf auf Wunsch einer Kundin ein lösliches Haarwaschpulver. Dieses »Shampoo-Puder« fand bald so reißenden Absatz, dass Schwarzkopf unterschiedliche Pulver für unterschiedliche Haartypen herstellte. 1927 folgte das erste flüssige Shampoo, das jedoch noch Seife enthielt. Erst 1933 war mit Schwarzkopf Extra-mild das erste seifenfreie und wirklich zufriedenstellende Shampoo erhältlich. In England wurde ebenfalls in den 1930er Jahren das erste moderne nicht seifenhaltige Shampoo unter dem Handelsnamen Drene eingeführt. Und nachdem die Shampoo-Entwicklung durch den Zweiten Weltkrieg unterbrochen wurde, überschlagen sich seit den 1950er Jahren die Neuentwicklungen der Shampoo-Industrie.

Der Begriff Shampoo leitet sich übrigens vom Hindi Wort *champi* her, das »kneten« bedeutet – er wurde von der Kopfmassage auf die Reinigungs- und Pflegesubstanz selbst übertragen. Das Wort ist wahrscheinlich durch einen indischen Einwanderer nach Großbritannien gelangt: Der Unternehmer Sake Dean Mahomed eröffnete 1814 im englischen Brighton »Mahomed's Indian Vapour Baths«, wo er auch die Champi-Kopfmassage anbot. Häufig wird Mahomed unzutreffenderweise als Erfinder des Shampoos bezeichnet. Möglicherweise verwendete er auf indische Shampoozusammensetzungen zurückgehende Substanzen wie Niemöl, Shikakai, Henna und Aloe, die sich jedoch von den Wirkstoffen europäischer Shampoos lange Zeit sehr unterschieden haben. Immerhin wurde er zum Shampooing Surgeon des britischen Königs George IV. ernannt, der als Prince Regent den Royal Pavillion in Brighton erbauen ließ.

DIE SICHERHEITSNADEL

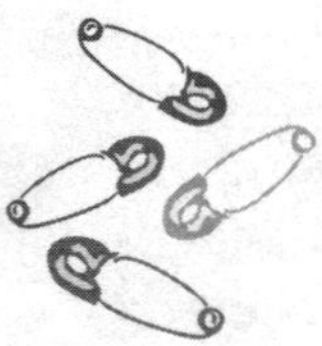

Eigentlich ist schon die Fibel, die bereits in der Bronzezeit existierte, eine Sicherheitsnadel – lassen sich doch mit ihr zwei Stücke Stoff aneinander befestigen, und die Nadel stellt durch einen geeigneten Verschluss keine Gefahr für Fingerspitzen und Mitmenschen dar. Die Fibel war neben Knoten und Schleife bis zum Aufkommen des Knopfes im Hochmittelalter die einzige Form des Kleiderverschlusses – eine in aufwendiger Handarbeit hergestellte, große Gewandschließe.

Im 19. Jahrhundert war die Fibel in Vergessenheit geraten, doch mussten auch damals Tücher, Schals und Windeln zusammengesteckt werden – was ausschließlich mit Nadeln geschah, die aus dem Stoff fallen und den Träger des Kleidungsstückes stechen konnten.

Dieses Problems nahm sich in den 1840er Jahren zuerst der New Yorker Thomas Woodward an. Seine 1842 patentierte »Schal- und Windelnadel« war mit der in einer Metallhülse einrastenden Spitze ein Schritt in die richtige Richtung, hatte jedoch einen Schönheitsfehler: Die beiden Hälften der Nadel waren durch ein Gelenk miteinander verbunden, sodass die Nadel selbst keine Spannung aufwies und die Spitze sich leicht aus der Halterungshülse löste. 1848 kam, ebenfalls in New York, der Erfinder Walter Hunt auf die Idee, auf das Gelenk zu verzichten und eine einzige Nadel zu einem U mit einer mittleren kleinen Schlaufe zu biegen – das spitze Ende der Nadel erhält auf diese Weise ein Spannung, durch die es sich selbst in der Halterung fixiert. Hunt verkaufte die Rechte an seiner Erfindung für 400 Dollar an einen Freund, dem er 15 Dollar schuldete – er war entweder ein sehr guter Freund oder hatte das finanzielle Potential seiner Erfindung nicht erkannt.

DIE SONNENBRILLE

Die ersten Berichte stammen aus China: Dort wurden im 12. Jahrhundert n. Chr. dünne Rauchquarz-Scheiben in Brillen gesetzt, mit denen Richter versuchten, ihren Gesichtsausdruck zu neutralisieren. Und um etwa 1200 verwendeten die Inuit Brillen aus Walrosszahn mit schmalen Schlitzen in den »Gläsern« – die ersten Brillen, die vor der Sonne schützen sollten.

1752 experimentierte der Engländer James Ayscough mit blauen und grünen Augengläsern, doch ging es ihm darum, mit diesen Farbgläsern Augenfehler zu korrigieren. Im 19. und frühen 20. Jahrhundert schützte man mit bernsteinfarbenen oder braunen Brillengläsern die Augen, die durch eine Syphilliserkrankung sehr lichtempfindlich geworden waren.

Filmstars suchten in den 1920er Jahren durch getönte Brillen ihre Augen vor dem grellen Scheinwerferlicht am Set zu schützen – eher weniger, um Abstand vor aufdringlichen Fans zu wahren. Doch trugen ihre Brillen sicherlich dazu bei, dass die Sonnenbrille noch heute ein Modeaccessoire ist, das nicht immer auf der Nase getragen wird. Damals kam auch das Sonnenbaden in Mode, und zu viel Sonnenlicht in den Augen stellte sich als unangenehm heraus. So wurden in den USA 1929 die ersten eigentlichen Sonnenbrillen verkauft: Ihr Erfinder Sam Foster lieferte sie an eine Woolworth-Filiale im Badeort Atlantic City. Die ersten durch Edwin H. Land entwickelten Polarisationsfilter wurden in den 1930er Jahren verwendet. Als im Zweiten Weltkrieg die Piloten Sonnenbrillen benötigten, entwickelte die Firma Bausch & Lomb im Auftrag der amerikanischen Luftwaffe besonders gut schützende Sonnenbrillen mit breitem Rand, die den Namen Ray-Ban erhielten.

DIE SPRITZE

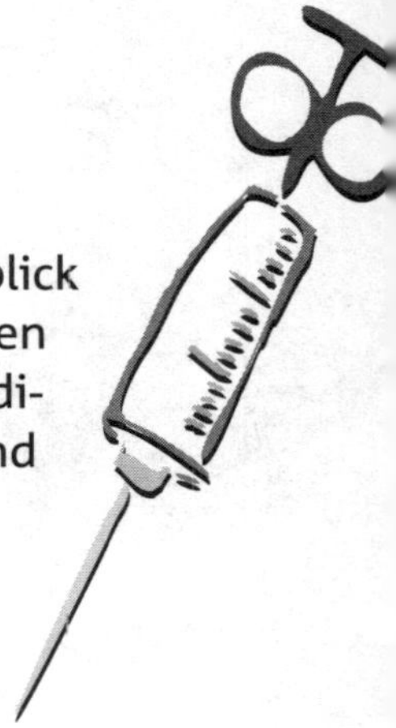

Auch wenn es gestandenen Männern bei ihrem Anblick schwarz vor Augen wird: Die Spritze gehört zu den bewährtesten medizinischen Hilfsmitteln. Viele Medikamente wirken besser, wenn sie gespritzt werden, und andere können gar nicht anders verabreicht werden.

Auch wenn die Spritze Teil der modernen Medizin ist, ist sie recht alt. Bereits im 9. Jahrhundert setzte der arabische Wundarzt Ammar ibn 'Ali al-Mawsili für Augenoperationen eine Kanüle auf ein Glasröhrchen. In Europa machten sich die Forscher der italienischen Renaissance Gedanken über die Spritze, ihnen folgten im 17. Jahrhundert englische Wissenschaftler. Dem französischen Armeearzt Dominique Anel gelang es, die Wunden der Soldaten Ludwigs XIV. mit Saugkanülen-Spritzen zu säubern.

Seit der Mitte des 19. Jahrhunderts verwendet man Spritzen für Injektionen und Infusionen. Damals machten Ärzte wie der Ire Francis Rynd, der die Hohlnadel erfand, und der Schotte Alexander Wood wirkliche Fortschritte mit dem Spritzen direkt unter die Haut. Leider war Woods Frau durch eine Überdosis Morphium die erste Tote, die durch eine Spritze starb. Die erste »moderne« Spritze mit Kanüle benutzte 1853 der Franzose Charles Pravaz – sie war aus Silber und hielt nur einen Kubikzentimeter Flüssigkeit. Kurz darauf gab es Spritzen aus Glas, mit denen man die gespritzte Menge genau dosieren konnte. Zudem ließen sie sich besser sterilisieren – Verunreinigungen, durch die Krankheiten übertragen werden, stellen das eigentliche Risiko der Spritze dar. Heute werden deshalb in der Regel Einwegspritzen aus Plastik verwendet, für die 1956 Colin Murdoch die australischen und neuseeländischen und 1974 Phil Brooks die US-Patente erhielten.

DER TAMPON UND DIE DAMENBINDE

Was das wirklich uralte Problem der Monatshygiene betrifft, war es Jahrtausende lang jeder einzelnen Frau überlassen, erfinderisch zu sein und zu improvisieren. Wohl auch aufgrund des Themas, über das man lange nicht öffentlich sprach, waren Mittel, die Frau bei der Bewältigung ihrer Tage behilflich waren, erst in den 1920er Jahren käuflich zu erwerben. Zuvor gab es allerlei Arten von Einlagen – von natürlichen Einwegmaterialien wie Moos bis zu selbst gehäkelten Binden aus Baumwolle, die immer wieder gewaschen wurden. Praktischer waren sicher die Frühformen des Tampons, die in Form von zusammengewickelten Papyrusblättern, stoffumwickelten Holzstücken oder kleinen Schwämmen bereits im alten Ägypten benutzt wurden, hygienisch sicherlich jedoch ein gewisses Risiko bargen und in weniger freizügigen Zeiten und Ländern kaum verwendet wurden.

Die ersten Einwegbinden kamen in den 1920er Jahren sowohl in Europa als auch in den USA auf den Markt. Dort war die Firma Kimberley Clark nach dem Ende des Ersten Weltkrieges auf Bergen von Cellucotton sitzengeblieben, einem für Verbandsmaterial entwickelten Baumwollersatzstoff. Aus diesem Material brachte das Unternehmen 1920 die Kotex-Damenbinde heraus – nicht ohne dafür eine eigene Firma gegründet zu haben, denn der Verkauf eines solchen Produktes galt als gewagt. Tatsächlich gestaltete sich der Vertrieb in Läden zunächst als schwierig, und Zeitschriften weigerten sich, Anzeigen für Damenbinden zu bringen. Doch setzte sich die gute Idee durch.

Um 1930 hatte die Wegwerf-Damenbinde auch Europa erreicht. Sie wurde damals in den sogenannten Monatshöschen getragen,

die über einen gummierten Einsatz verfügten. Die Umhüllung der Binden aus Gaze oder Vlies stand zunächst noch an den Schmalseiten über und wurde an einem um die Taille getragenen Bindengürtel befestigt. Später wurde die Binde direkt im Monatshöschen befestigt, zunächst mit Sicherheitsnadeln oder Schlaufen, dann mit Gummibändern, durch die man die Binden nur noch hindurchstecken musste. Binden mit Klebestreifen gab es erst in den 1970er Jahren, und Binden mit einer Wäscheschutzfolie aus Kunststoff waren zu diesem Zeitpunkt auch noch nicht lange auf dem Markt.

Bereits in den 1930er Jahren entwickelte der Arzt Earle C. Haas aus Denver die Alternative zur Damenbinde: den Tampon aus Baumwollfasern mit Rückholfaden (und einer Einführhilfe). Kurz nachdem Haas 1933 das Patent auf seine Erfindung erhalten hatte, veräußerte er dieses an Gertrude Tendrich, die das Potential des Tampons erkannt hatte. Tendrich gründete die Firma Tampax und begann – zuerst zuhause – Tampons herzustellen. Auch sie sah sich dem Widerstand der Geschäfte gegenüber, und es war so gut wie unmöglich, für Tampons zu werben. Doch auch hier ließ der große Erfolg nicht auf sich warten, und einen wirklichen Coup landete Tampax, als die Firma im Zweiten Weltkrieg die US-Regierung überzeugen konnte, aufgrund des geringeren Rohstoffverbrauchs der Tamponproduktion den Vorrang gegenüber der Herstellung von Binden zu geben.

In Deutschland setzte sich der Tampon in den 1950er Jahren durch. Der Ingenieur Carl Hahn brachte den Tampon »Ohne Binde« auf den Markt, der noch heute unter dem Markennamen o.b. in jedem Supermarkt erhältlich ist. Wie die meisten modernen Tampons besteht er aus der besonders saugfähigen und hygienisch unbedenklicheren Viskosefaser.

DIE TOILETTE

Saubere und ansprechende sanitäre Einrichtungen sind eine Annehmlichkeit, auf die wir nicht verzichten möchten – verbringen wir doch alle eine gewisse Zeit unseres Lebens auf dem »Stillen Örtchen«. Doch was taten die Menschen früher? Waren die Toiletten damals primitiv?

Weit gefehlt. Schaut man sich die Geschichte der Toilette an, kann man durchaus Parallelen zwischen hochentwickelten Zivilisationen und der Raffinesse ihrer sanitären Einrichtungen feststellen. So verfügten die Wohnhäuser der Indus-Kultur um 2500 v. Chr. schon über eine eigene Toilette, die über ein Tonrohr mit der öffentlichen Kanalisation verbunden war. Und die Minoische Kultur kannte um 2000 v. Chr. bereits die Wasserspülung mittels eines erhöht angebrachten Wasserbehälters. In der Jungsteinzeit-Siedlung Skara Brae auf den Orkney-Inseln baute man ein Rohrsystem, das von den Steinhäusern in die Nordsee führte – vermutlich war das Wetter oft so rau, dass man ein Innenklo vorzog. Bekannt sind auch die aufwendigen öffentlichen Toiletten der Römer, in denen unter Reihen von Toilettenbänken fließendes Wasser hergeleitet wurde.

Im europäischen Mittelalter ging ein Großteil des sanitären Know-hows verloren. Die typische Burg hatte einen Abtritterker, aus dem durch ein Loch im Boden die Exkremente herunterfielen – ansonsten benutzte man Nachttöpfe, deren Entleerung durch das Fenster eine nicht weniger öffentliche Angelegenheit war.

Fortschritte waren 1596 zu verzeichnen, als John Harington für Königin Elizabeth I. ein Wasserklosett erfand, das ebenfalls aus einem oberen Wasserbehälter gespült wurde. Leider fiel Harington in Ungnade und das erste WC der Neuzeit der Vergessenheit anheim – möglicherweise auch, weil Harington durch eine allzu direkte Verbindung zur Kanalisation das Geruchsproblem nicht gelöst hatte. Erst 1775 erfand Alexander Cummings den Siphon, in dem immer ein wenig Wasser stehenbleibt. Bis zum Ende des 18. Jahrhundert war jedoch das – mehr oder weniger häufig geleerte – Plumpsklo der Standard, und öffentliche Toiletten waren so rar, dass so manche Stadt zu einer selbigen wurde.

Die Cholera-Epidemien, die in den 1830er Jahren viele europäische Städte heimsuchten, waren Anlass, an diesen Zuständen etwas zu ändern. Neue Abwassersysteme wurden gebaut, und in Großbritannien erließ man Gesetze, die ein WC in jedem Haus vorschrieben. Ende des 19. Jahrhunderts wurden in Europa auch die ersten Kläranlagen gebaut. Was die Toilettentechnik angeht, waren die Briten 1880 führend und exportierten Tausende von WC-Becken mit dem dazugehörigen Know-how. Dies war ein Grund dafür, weshalb sich das westliche Sitzklo in zahlreichen Ländern der Welt durchsetzte und sich nach und nach auch in den asiatischen Ländern mit ihrer Steh- oder Hocktoiletten-Tradition verbreitet hat.

Seit dem 19. Jahrhundert sind eine Unzahl von Toilettenmodellen entstanden und auch so manches Zubehör, das faszinierende Auskünfte über sein Herkunftsland gibt. Erwähnt werden soll in diesem Zusammenhang nur der Lautsprecher Otohime (Geräuschprinzessin), der in japanischen Toiletten ein spülungsähnliches Geräusch produziert, um andere – peinliche – Tätigkeiten zu übertönen. 2001 wurde der Welttoilettentag am 19. November ins Leben gerufen. Er soll darauf hinweisen, dass noch immer 40 Prozent der Menschheit über unzureichende sanitäre Einrichtungen verfügen.

DAS TOILETTENPAPIER

Papier ist nur eines von zahlreichen Materialien, mit denen man sich am Ende des Toilettenbesuchs abwischen kann. Zu berücksichtigen ist auch, dass Papier nicht immer und überall zur Verfügung stand – so wurden in der Antike Steine und Schwämme, von den Germanen Stroh und Laub und im Mittelalter Moos oder Lappen verwendet. Während der Nara-Zeit im 8. Jahrhundert (und wohl nicht nur dann) leisteten in Japan Holzstäbchen gute Dienste. Anspruchsvollere Völker in der arabischen Welt wuschen sich schon zur Zeit des europäischen Mittelalters mit Wasser.

Papier auf der Toilette verwendete man erstmals in dessen Ursprungsland, nachweislich im China des 6. Jahrhunderts n. Chr. Zunächst scheint es sich um Altpapier gehandelt zu haben (da Stimmen laut wurden, nach denen sich die große Literatur nicht für diesen Zweck eigne), doch im 14. Jahrhundert sind die ersten Toilettenpapier-Fabriken nachweisbar. Der kaiserliche Hof wurde damals mit einem besonders luxuriösen Papier beliefert.

Ein ähnliches Produkt gab es in den westlichen Ländern erst im 19. Jahrhundert. Zwar hat man schätzungsweise seit dem 16. Jahrhundert – als das Papier sich zu einem Alltagsprodukt entwickelte – ausrangierten Lesestoff auf die Toiletten gelegt (bis ins 20. Jahrhundert hinein sollte man in Stücke geschnittene alte Zeitungen verwenden), doch erst 1857 entwickelte der Amerikaner Joseph Gayetty das erste spezielle Toilettenpapier, das in Form von mit Aloeextrakt getränkten Blättern vorlag. Die Klopapierrolle stammt aus dem Ende des 19. Jahrhunderts: 1880 wurde die British Perforated Paper Company gegründet, 1890 produzierten in den USA die Gebrüder Scott Toilettenpapier auf Rollen. Die erste deutsche Toilettenpapierfabrik nahm 1928 im schwäbischen Ludwigsburg die Produktion auf – die Anfangsbuchstaben des Namens ihres Inhabers Hans Klenk ergaben den Markennamen Hakle.

Die meisten frühen Klopapiere waren aus rauem Krepppapier – da mag das Papier mancher Zeitung oder manchen Warenhauskatalogs angenehmer gewesen sein. Abhilfe schuf ab 1958 zuerst in den USA und dann in Europa das Tissue-Papier. Und mit dem steigenden Papierkomfort legte man auch zunehmenden Wert auf die Stabilität des Papiers. Die Antwort der Industrie bestand darin, 1972 das erste dreilagige und 1984 das erste vierlagige Toilettenpapier anzubieten.

So widersinnig es auch klingt: Inzwischen ist Klopapier ein Hightech-Produkt. Während lange Zeit vor allem mehrlagiges Papier das höchste der Gefühle war, haben die Forschungsabteilungen der Sanitärpapierproduzenten in den letzten Jahren neue Techniken des Blattaufbaus – außen weich und innen fest – entwickelt, die höchste Ansprüche an Weichheit und Stabilität erfüllen. Auch die Reinigungsleistung neuer Entwicklungen wird akribisch geprüft.

In den Industrieländern und den Schwellenländern stellt sich inzwischen jedoch ein grundlegendes Problem: Dem wachsenden Klopapierverbrauch – durchschnittlich benötigt jeder Deutsche im Jahr einen Kilometer – sind (trotz Recycling-Klopapiers) weder die Rohstoffproduzenten noch die Kanalisationen gewachsen. Vielleicht sollte man beginnen, über Alternativen nachzudenken?

DIE UNTERHOSE

Was die Geschichte dieses wichtigen Kleidungsstückes angeht, halten sich die historischen Schriftquellen vornehm zurück – doch Realienfunde und Abbildungen legen nahe, dass die Geschichte der Unterhose nicht viel länger ist als diese selbst. Lange Zeit kamen die Menschen nämlich ohne sie aus.

Der Lendenschurz aus Stoff oder Leder, der in einigen Gegenden der Welt heute noch Usus ist, erfüllte eine ähnliche Funktion. Ihn verwendeten die Männer im Rom und Griechenland der Antike – wobei weder bekannt ist, ob sich auch die Oberschichten unterhalb von Chiton oder Tunika des Lendenschurzes bedienten, noch herauszufinden ist, was die Frauen unter dem Unterkleid trugen.

Im Hochmittelalter trugen die Männer eine lange, weite Hose, die Brouche oder Braie aus Leinen, die an Taille und Unterschenkeln zusammengebunden wurde. Sie konnte sowohl als Oberbekleidung als auch als Unterwäsche dienen. Darüber kam die Chemise, ein Unterkleid, das auch von Männern getragen wurde. Die Braie wurde in der Renaissance immer kürzer und vorne mit einem Schlitz versehen. Häufig war sie auch mit dem sogenannten Schambeutel gekrönt, mit dem sich im 16. Jahrhundert zahlreiche Adlige porträtieren ließen. Danach wurde die Hose wieder weniger auffällig, und langsam wurde sie – vor allem nach dem Aufkommen der modernen Herrenhose – wirklich zur (langen) Unterhose, die aus Baumwolle, Leinen oder sogar Seide genäht wurde.

Frauen trugen, von Ausnahmen abgesehen, bis zum Anfang des 19. Jahrhunderts keine Unterhose, waren aber durch ihre lange Kleidung optisch geschützt und durch den Unterrock gewärmt.

Die ersten, ebenfalls langen und im Schritt offenen, Frauenunterhosen gab es um 1805. Während die Damen der guten Gesellschaft ab etwa 1840 nicht mehr auf die Unterhose verzichteten, die mehr und mehr die Form einer Pluderhose annahm, konnten dies die Frauen der unteren Gesellschaftsschichten schon.

Auch wenn die Unterhose in der Herrenkleidung zwar verbreiteter war, stellte sie lange Zeit weniger ein Muss (auch ein langes Hemd tat das Nötige) als ein schichtenspezifisches Kleidungsstück dar. Erst im Laufe des 19. Jahrhunderts setzte sie sich endgültig durch, insbesondere, weil das Militär die Soldaten aus Hygienegründen dazu anhielt, sie zu tragen. Ein attraktives Kleidungsstück waren Herrenunterhosen noch für lange Zeit nicht: Bis in die 1930er Jahre herrschte die Langform vor, die häufig mit dem Unterhemd zu einer Art Anzug zusammengefügt wurde – ein echter Liebestöter. Der Herrenslip wurde, dem Gummiband aus Latex sei es gedankt, in den 1930er Jahren auf den Markt gebracht. Damals konnten auch die Frauen zwischen unterschiedlichen Unterhosenmodellen wählen – neben der Hemdhose wurde auch für sie der Slip aus Trikotstoff immer beliebter.

Etwa seit dem Jahr 1900 hatte durch die Entstehung der modernen Strickwarenindustrie die Formenvielfalt der Unterhosen für beide Geschlechter zugenommen. Für die Herren kamen in den 1920er Jahren in den USA die Boxershorts auf, die jedoch erst nach dem Zweiten Weltkrieg in Europa getragen wurden. Ansehnlicher (und körperbetonter) wurde der Herrenslip mit den Modellen der Firma Jockey seit den 1930er Jahren, die vorne einen Y-förmigen Eingriff hatten. Und spätestens seit den 1990er Jahren sind der Fantasie in puncto Herrenunterhose keine Grenzen mehr gesetzt. Die Zeiten, in denen die meisten Herrenunterhosen von Frauen gekauft wurden, sind vorbei – die Männerwelt hat dieses Kleidungsstück für sich entdeckt.

DIE VASELINE

Wir verwenden sie häufiger, als uns bewusst ist: Vaseline bildet die Grundlage von kosmetischen und Heilsalben, es imprägniert Leder, schützt Metalle vor Rost und dient als Schmierstoff für Maschinen.

Entwickelt hat diese Mischung aus festen und flüssigen Kohlenwasserstoffen der amerikanische Chemiker Robert Chesebrough, der sich in den 1850er Jahren auf die Suche nach neuen Brennstoffen spezialsiert hatte, nach der Entdeckung von Ölvorkommen in den USA mit seiner Destillation von Kerosin aus dem Öl von Pottwalen jedoch Schiffbruch erlitt. Chesebrough benötigte dringend Geld und zog 1859 nach Titusville in Pennsylvania, wo Erdöl gefördert wurde. An den Bohrstangen der Fördertürme fiel ihm eine schmierige Substanz auf. Dieses Erdölabfallprodukt empfanden die Arbeiter eher als störend, doch hatten sie festgestellt, dass es sich gut als Brand- und Wundsalbe eignete.

Chesebrough war das Potenzial dieser Substanz bewusst – doch musste sie in Reinform vorliegen. 1870 hatte er endlich ein entsprechendes Verfahren entwickelt und eine weißliche Substanz erhalten. Dieser gab er zunächst den Namen Petroleum Jelly, benannte sie jedoch zwei Jahre später, als er ein Patent auf sein Extraktionsverfahren erhielt, mit dem Markennamen Vaseline – ein Kunstname, für den sich Chesebrough angeblich vom deutschen Wort Wasser und vom griechischen *elaeon* (Öl) inspirieren ließ. Der Vertrieb von Vaseline durch die neugegründete Firma Chesebrough-Ponds – noch heute ein großer Kosmetikhersteller – lief schleppend an, und Chesebrough soll sich vor den Augen der Drogisten Brandwunden beigebracht haben, um die Wirksamkeit seines Produktes zu demonstrieren.

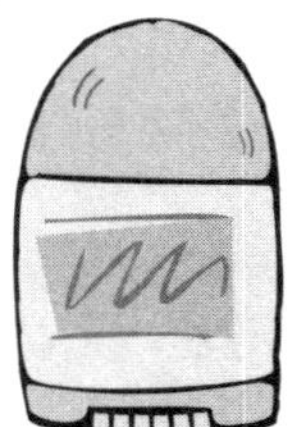

DIE WÄRMFLASCHE

Bei einer Umfrage, ob die Wärmflasche zu den großen Erfindungen der Menschheit zählt, würden mindestens 50 Prozent der Befragten mit Ja antworten – vorausgesetzt, es werden so viele Männer wie Frauen befragt. Frauen – und auch einige intelligente Männer – schätzen die Wärmflasche, weil sie kalte Füße wärmt, Nackenmuskeln entspannt und, auf den Unterleib gelegt, so manche Schmerztablette überflüssig macht.

Das Prinzip der transportablen Wärmequelle ist lange bekannt – neben zahlreichen Behältern, die mit glühenden Kohlen bestückt wurden und werden – hat sich als weniger rauchige Alternative ein erwärmter Gegenstand etabliert. Zuerst wurden heiße Ziegelsteine in ein Tuch geschlagen und unter die Decke ins kalte Bett gelegt. Aus dem Anfang des 16. Jahrhunderts sind die ersten Flaschen aus Zinn bekannt, die mit heißem Wasser befüllt wurden und der Wärmflasche ihren Namen gaben.

Die Wärmflasche bestand einige Jahrhundert lang aus Zink, Zinn oder Kupfer oder auch aus Glas oder Ton – sie wurde also entweder ziemlich heiß (wogegen man gehäkelte Bezüge verwendete) oder war zerbrechlich. Die Entwicklung des Gummis durch Charles Goodyear im Jahr 1839 war also auch in dieser Hinsicht erfolgversprechend, doch setzte sich die Gummiwärmflasche erst in den 1920er Jahren durch. Sie hat den zusätzlichen Vorteil, dass sie sich dem menschlichen Körper anpasst.

Auch wenn inzwischen Heizkissen und Kissen mit einer Kirschkern- oder gelartigen Füllung, die in der Mikrowelle erwärmt werden, eine Alternative bieten: Die Wärmflasche bleibt der Klassiker. Für den Einsatz im Nackenbereich könnte allerdings der obere Schraubverschluss noch verbessert werden ...

DAS WATTESTÄBCHEN

Einem weiteren um das Wohl seiner Familie besorgten Ehemann und Vater verdankt die Menschheit das Wattestäbchen. 1926 wurde der Amerikaner Leo Gerstenzang unfreiwillig Zeuge, als seine Ehefrau sich anschickte, die Ohren ihres kleinen Sohnes mit Zahnstochern zu säubern, deren Spitzen sie mit Baumwollfetzen bestückt hatte. Gerstenzang schritt beherzt ein – und erfand das an den Enden abgerundete, harmlose Wattestäbchen.

Um es zu perfektionieren – das Holzstäbchen sollte nicht splittern, die Watte sich nicht auflösen – benötigte er einige Jahre, doch schließlich war es soweit: Seine Erfindung hatte Marktreife erlangt, Gerstenzang gründete die Leo Gerstenzang Infant Novelty Company und verkaufte sein neues Produkt mit Erfolg. Nur bei der Namenswahl bedurfte es einen zweiten Anlaufs: Der ursprüngliche Name Baby Gays – der sich nicht unbedingt für den heutigen amerikanischen Markt eignen dürfte – wurde in Q-Tips abgeändert: Q steht für *quality,* und *tips* bezeichnet die Enden der Stäbchen.

Wattestäbchen haben heute ein Mittelteil, das zumeist aus Kunststoff oder festem Karton besteht, die Watte an ihren Enden ist synthetisch oder – bei den teureren Produkten – aus Baumwolle. Sie eignen sich nicht allein zum Säubern von Ohren und zur weiteren Schönheitspflege: Wattestäbchen werden auch eingesetzt, um kleine Flächen mit Klebstoff zu bestreichen und die Winkel und Ecken der Computertastatur von Staub zu befreien. Nicht zuletzt nimmt man mit ihnen die Speichelproben, die zur Ermittlung des genetischen Fingerabdrucks erforderlich sind.

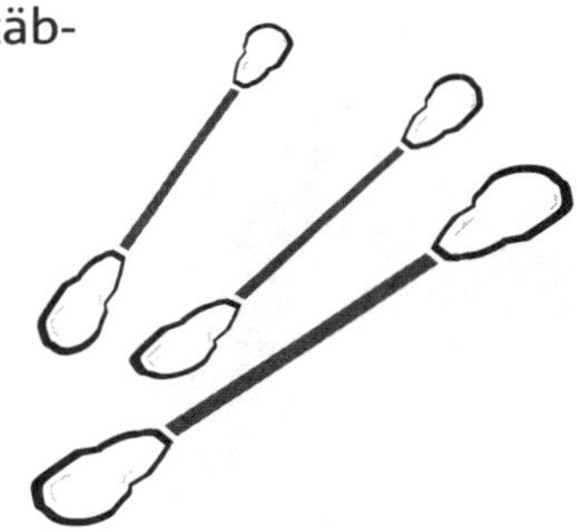

DIE ZAHNBÜRSTE

Vermutlich sind Zahnschmerzen so alt wie die Menschheit, und der Sinn irgendeiner Art von Zahnpflege wird wohl schon den ersten Menschen bewusst geworden sein. Das relativ einfach anmutende Instrument der Zahnbürste hat jedoch wie die Zahnpasta eine lange Entwicklung durchlaufen – und beide haben über Jahrhunderte hinweg Zähnen und Zahnfleisch keine guten Dienste geleistet.

Werkzeuge zur Zahnreinigung sind nachweislich seit Jahrtausenden bekannt. Auf Ausgrabungen in Ägypten wurden kleine Zweige gefunden, die um 3000 v. Chr. nachweislich durch Kauen zerfasert wurden – die ersten bekannten Zahnreinigungs-Werkzeuge. In Indien kaute man bekanntermaßen seit dem 7. Jahrhundert v. Chr. Miswak, die Zweige oder Wurzelstücke des sogenannten Zahnbürstenbaumes *(Salvadora persica),* die fluorhaltige Substanzen erhalten und Zahnbürste und Zahnpasta zugleich sind. Auch in der islamischen Welt kannte und kaute man den Zahnbürstenbaum.

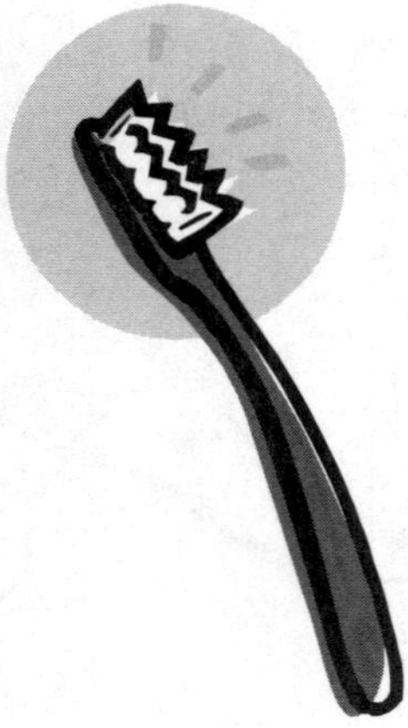

Die erste »wirkliche« Zahnbürste wurde wahrscheinlich im China des 15. Jahrhunderts benutzt, als man wie bei einem Pinsel Schweineborsten mit einem Bambusstab zusammensetzte.

Auch das europäische Mittelalter kannte die Zahnreinigung, für die man manchmal Messer, manchmal aber auch eigene Reinigungswerkzeuge wie mit einem Stiel versehene Zahnstocher verwendete. Ende des 15. Jahrhunderts kamen hier die ersten Zahnbürsten auf, die wie in China mit Schweineborsten bestückt waren – und entsprechend hart. Deshalb griff man in den nächsten Jahrhunderten auch auf Schwämme oder Läppchen zur Zahnreinigung zurück.

Als Alternative zu den Schweineborsten wurden bis zum 18. Jahrhundert die Haare von Pferden oder Dachsen verwendet, die, glaubt man dem Pionier der Zahnheilkunde Pierre Fauchard, jedoch keine Wirkung zeigten. In seinem wegweisenden Werk *Le chirugien dentiste* bezeichnet Fauchard diese Borsten als zu weich und empfiehlt den Schwamm. Schließlich gründete der Engländer William Addis im Jahr 1780 die erste Zahnbürstenfabrik: Seine Zahnbürsten bestanden aus Rinderhaaren und -knochen, doch ist nicht bekannt, ob dieser Härtegrad optimal war. Auf jeden Fall waren die Schweineborste noch lange Zeit die Borste der Wahl – obwohl sie schnell aus der Bürste fiel, nur schlecht trocknete und sich in ihr mit Vorliebe Bakterien ansiedelten.

Als Mitte der 1930er Jahre in den Labors der amerikanischen Firma DuPont das Nylon entdeckt wurde, wurde dies – noch bevor man daraus Damenstrümpfe machte – zu Zahnbürstenborsten verarbeitet. Die frühen Nylonborsten waren ebenfalls recht hart, doch war mit ihnen ein Schritt in die richtige Richtung getan. Zahnbürsten – die bis dahin ein recht gehobenes Produkt gewesen waren – wurden nun in großen Mengen industriell hergestellt und trugen klangvolle Namen wie »Dr. West's Miracle Tuft Toothbrush«. Erst in dieser Zeit freundeten sich viele Menschen mit der Zahnhygiene an, was nicht zuletzt darauf zurückzuführen ist, dass die amerikanische Armee großen Wert darauf legte, dass sich die GIs die Zähne putzten. Und als um 1950 sowohl weichere Nylonfasern als auch endlich medizinisch sinnvolle und wohlschmeckendere Zahnpasten auf den Markt kamen – die elektrische Zahnbürste folgte im Jahr 1959 – hat sich die noch heute gebräuchliche Art der Mundreinigung endgültig durchgesetzt.

DIE ZAHNPASTA

Allein bei dem Gedanken an die Zahnpasta-Rezepturen der Vergangenheit beginnt es, im Mund zu schmerzen. Zwar gibt es seit schätzungsweise 6000 Jahren Zahnpulver und -pasten, doch bis in die 1950er Jahre waren die meisten von ihnen ein ziemlich radikales Reinigungsmittel, das den Zahnschmelz wegschrubbte oder -ätzte.

Das wohl erste Rezept für ein Zahnreinigungsmittel stammt etwa aus dem Jahr 4000 v. Chr. und aus Ägypten. Seine Zutaten waren Bimsstein und Essig – was sicherlich »effektiv« war. Auch die Römer reinigten sich mit ähnlichen Substanzen die Zähne und setzten ihren Zahnreinigungsmitteln (in Form von Urin) auch Ammoniak zu, der sich noch heute in Zahnpasten findet.

Ein Ende dieser Art von desaströser Zahnreinigung war lange nicht in Sicht. Im arabischen Mittelalter verwendete man Steinmehl und zerstoßene Austernschalen, und ein erstes Zahnweiß aus Salpeter ätzte verfärbte Zahnschichten einfach weg. Den Europäern ging es in dieser Hinsicht nicht besser, verwendete man dort doch Ziegelstaub, fein zerstoßene Keramikscherben und ähnliche Substanzen, die dem Zahnschmelz bald den Garaus machten. Im 18. Jahrhundert putzte man sich mit Natriumhydrogenkarbonat die Zähne (das noch heute Bestandteil mancher Zahnpasten ist, aber ebenfalls eine recht starke abrasive Wirkung hat), und Borax sorgte dafür, dass es schön schäumte. Glücklicherweise galt damals die Ansicht, dass es reichte, sich etwa alle 14 Tage die Zähne zu putzen.

Anfang des 19. Jahrhunderts wurde das Zahnpulver durch den Zusatz von Glycerin zur Paste. Bereits zu dieser Zeit fand man ebenfalls heraus, dass Fluor gut für die Zähne ist – konnte diese

Entdeckung aber noch nicht in die Zahnpasta einbauen. Stattdessen gab es seit etwa 1840 in Italien und Frankreich Honig-Fluor-Pastillen für die Zahnpflege.

Die Zutatenliste für Zahnpasta wurde länger: 1824 fügte man ihr erstmals seifenartige Substanzen hinzu, 1850 Kreide. Zumindest scheinen Versuche gemacht worden zu sein, den Seifengeschmack zu kaschieren: Die britische Firma Colgate stellte 1873 eine aromatische Zahnpasta her, die damals im Glas verkauft wurde. 1891 gab es die ersten Zahnpasta-Tuben.

Trotz der Verbesserung der Darreichungsformen schlug die Geburtsstunde der modernen, nach pharmakologischen Erkenntnissen sinnvoll zusammengesetzten Zahnpasta erst nach dem Zweiten Weltkrieg. Die Seife wurde durch andere reinigende Substanzen wie Natriumlaurylsulfat und Fluoride ersetzt, was den Vorteil hatte, dass der Zahnpastaverbrauch aufgrund des verbesserten Geschmacks sprunghaft anstieg.

Einen Meilenstein hatte man erreicht, als es endlich gelang, Fluorid in der Zahnpasta unterzubringen. Dies geschah in Deutschland durch die Apothekerin Hertha Hafer, die, da sie selbst sehr an Karies litt, im Selbstversuch eine fluoridhaltige Zahnpasta entwickelte hatte. Ihre Rezeptur verriet sie der Forschungsabteilung der Blendax-Werke in Mainz, die 1949 die Zahncremeproduktion wieder aufgenommen hatten und 1951 Blend-a-med, die erste »medizinische« Zahnpasta auf den Markt brachten. 1956 zog die amerikanische Firma Procter & Gamble mit der zinnfluoridhaltigen Zahncreme Crest nach, die vorher klinische Studien durchlaufen hatte.

FREIZEIT UND GESELLSCHAFT

DER AUSWEIS

Ein Ausweis öffnet so manche Tür – kann sie aber auch verschließen, wenn eine Person über den »falschen« Pass verfügt. In der Bundesrepublik Deutschland ist heute jeder Mensch im Besitz eines Personalausweises, viele andere Länder (darunter die USA, Kanada, Japan, Australien und Indien) kommen ohne ein entsprechendes Dokument aus. In Großbritannien wird zur Zeit lebhaft diskutiert, ob die Einführung eines staatlich ausgegebenen Identitätsnachweises sinnvoll ist oder Probleme – wie eine übertriebene staatliche Kontrolle – nach sich zieht, zumal andere Ausweistypen wie der Führerschein völlig ausreichen. Viele Menschen verfügen über mehr Ausweise, als ihnen lieb ist. Von der Kundenkarte des Weinhändlers über die Scheckkarte der Bank bis zur Karte, mit deren Hilfe man die Tür zum Unternehmen öffnet, in dem man arbeitet: Viele alltägliche Tätigkeiten scheinen nur noch mithilfe von irgendeiner Art Ausweis möglich zu sein.

Als die Unternehmen ihre Kundendaten noch nicht per Computer verwalteten und die Behörden eines Staates noch nicht in dem Maße vernetzt waren wie heute, waren Ausweise für alle Bürger nicht üblich. Allerdings haben sie schon seit langer Zeit das Reisen erleichtert: Wenn eine Person reisen wollte oder musste, erhielt sie häufig einen Brief, in dem ein Souverän oder hoher Beamter das Anliegen der Person beschrieb und um sicheres Geleit bat. Der vermutlich erste Brief dieser Art ist im Buch Nehemia, einem Geschichtsbuch des Alten Testaments beschrieben: Der persische König Artaxerxes I. entsandte um 450 v. Chr. den Juden Nehemia nach Jerusalem und gab ihm einen Geleitbrief mit auf den Weg. Im Europa des Mittelalters stellten Städte Ausweise aus, die eine Liste von Gegenden und Orten enthielt, in die eine Person reisen durfte. Schon damals bemühte man sich, einen Ausweis fälschungssicher zu machen, indem man das Aussehen des Inhabers beschrieb.

Unter Ludwig XIV. wurden allgemeine Geleitbriefe, die der französische König seinen Höflingen ausstellen ließ, immer häufiger. Im Europa des 18. Jahrhunderts verfügte jeder noch so kleine Staat über eine Art Ausweissystem. Damals benötigten die Reisenden aber auch Visa der Länder, die sie besuchen wollten. Als Mitte des 19. Jahrhunderts die Menschen dank der Eisenbahn immer mehr reisten, war das alte Ausweis- und Visumssystem überfordert. 1861 verzichtete Frankreich komplett darauf, andere europäische Länder folgten. Lediglich im Osmanischen Reich und Russland waren Ausweisdokumente für In- und Auslandsreisen nach wie vor obligatorisch.

Mit dem Ersten Weltkrieg verbreitete sich die Vorstellung, dass Ausweise aus Gründen der nationalen Sicherheit wünschenswert wären. Aus Angst vor Spionen und davor, dass Menschen mit wichtigen Kenntnissen das Land verließen, führte man Reisedokumente für Auslandsreisen ein, eine zunächst als »vorläufig« bezeichnete Maßnahme, die nach Kriegsende allerdings Usus wurden. Dies zog die Kritik vieler Reisender nach sich. Insbesondere die Briten scheinen sich über die (nun standardmäßig im Ausweis vorhandenen) Fotografien und Personenbeschreibungen beschwert zu haben.

1920, 1926 und 1927 stellte der Völkerbund Richtlinien für die Ausstellung von Ausweisen auf. Doch erst ab 1980 wurden verbindliche Standards erlassen, als sich die International Civil Aviation Organization (ICAO), eine Sonderorganisation der Vereinten Nationen, dieses Themas annahm.

DIE BRIEFMARKE

Die meisten geschäftlichen und persönlichen Beziehungen pflegen wir heute per Telefon oder E-Mail. Doch früher hieß es am Telefon »fasse dich kurz«, und ansonsten waren die Menschen auf den Brief angewiesen.

Ein Manko des öffentlichen Postsystems war lange Zeit, dass der Empfänger die Briefgebühr bezahlen musste – und diese war hoch und kompliziert zu berechnen. Auch konnten die Empfänger wichtiger, aber unangenehmer Briefdokumente deren Annahme verweigern, und arme Personen waren nicht in der Lage, Briefe zu empfangen. Angeblich war es eine in Tränen aufgelöste junge Frau, die einen Brief ihres Verlobten nicht bezahlen konnte, die 1837 den englischen Lehrer Rowland Hill dazu bewegte, die Briefmarke zu erfinden – einen der ersten Prepaid-Vermerke der Geschichte.

Diese Anekdote ist wohl in den Bereich der Legende zu verweisen, und so ganz neu war die Idee der Briefmarke auch nicht: In größeren Städten waren schon einige Postpächter dazu übergegangen, für den innerstädtischen Briefwechsel eine Gebührenmarke einzuführen. So gab es 1653 in Paris das Billet de porte payé, das an den Brief geheftet wurde. 1680 führten zwei Londoner Kaufleute die London Penny Post ein, mussten ihr Unternehmen aber auf Einspruch des Duke of York als Postmonopolisten bald wieder aufgeben. Anfang des 19. Jahrhunderts gab es Stadtkuverts – Briefumschläge, mit deren Erwerb das Porto innerhalb der Stadt abgegolten war. Diese Frankierungsmarken ergaben nach landläufiger Meinung nur innerhalb von überschaubaren postalischen Einheiten einen Sinn. Doch 1836 hatte der Slowene

Lovrenz Košir der Regierung des Kaisertums Österreich-Ungarn nahegelegt, die Postbeförderung im ganzen Land durch Briefmarken zu vereinfachen, und eine ähnliche Idee hatte 1838 der schottische Buchhändler James Chalmers.

In Großbritannien wurde Rowland Hill jedoch über die Idee der Briefmarke hinaus mit einer aufsehenerregenden Kampagne zur Postreform aktiv und gab 1837 die Schrift *Post Office Reform: Its Importance and Practicabilty* heraus. Er legte dar, dass die meisten Unkosten der Briefbeförderung nicht durch die Distanzen entstanden, sondern durch den Verwaltungsaufwand, den die Berechnung der Gebühren und deren Einzug beim Empfänger nach sich zog. 1838 regte er bei der britischen Regierung an, das Postsystem durch eine vor Aufgabe des Briefes zu erwerbende Klebemarke (solche Marken waren bereits in anderen Behörden üblich) und eine nur auf dem Gewicht des Briefes basierende Gebühr zu reformieren. Es erhoben sich zahlreiche Gegenstimmen, doch mithilfe eines Zusammenschlusses aus britischen Bankiers und Kaufleuten, denen das völlig unzulängliche und korrupte Postsystem in der aufstrebenden Industrie- und Handelsnation schon lange ein Dorn im Auge war, war die Regierung zu bewegen, Hill 1839 einen Zweijahresvertrag zur Postreform zu geben.

So wurde am 1. Mai 1840 in Großbritannien die erste eigentliche Briefmarke der Welt herausgegeben, die nach ihrem Wert als One Penny Black bezeichnet wird. Sie zeigt das Profil der britischen Königin Victoria auf schwarzem Grund. Andere Länder zogen bald nach: In den USA erschienen 1841/42 die ersten Briefmarken, das Königreich Bayern gab 1848 mit dem Schwarzen Einser das erste deutsche Postwertzeichen heraus. Andere deutsche Flächenstaaten (Hannover, Preußen, Sachsen und Baden) folgten 1850 und 1851.

DER EHERING

Der Ring als Symbol der Verbundenheit ist sehr alt: Dies geht über den Ring als Sinnbild der Ehe weit hinaus, denn auch die Träger vieler Berufsstände, Universitäten und sonstiger Vereinigungen drücken ihre Verbundenheit durch einen Ring aus. Nicht zuletzt verkauft der Schmuckhandel Freundschaftsringe. Der von den meisten Menschen getragene Ringtypus ist jedoch der Trauring, der die ewige Verbundenheit mit dem Ehepartner ausdrückt.

Schon im Ägypten und im Rom der Antike trug man den Trauring am vierten Finger der linken Hand, in dem Glauben, dass von diesem, dem Ringfinger, eine Ader direkt zum Herzen führte. Allerdings trugen im alten Rom nur die Frauen diesen Ring, der zumeist auch nicht besonders kostbar, sondern aus Eisen war.

Die christliche Kirche übernahm den Ring als Sinnbild der Ehe spätestens unter Papst Nikolaus I. im 9. Jahrhundert, und seit dem 13. Jahrhundert ist er für die christliche Eheschließung obligatorisch. Im Christentum ist der Trauring nicht nur ein Sinnbild für die Verbundenheit der beiden Ehepartner, sondern auch für deren Verbundenheit mit Gott – so wie der Ring keinen Anfang und kein Ende hat, sind Gott und seine Sakramente ewig.

In den meisten Ländern trägt man den Trauring noch immer am linken Ringfinger, doch ist es unter anderem in Deutschland, Österreich und Norwegen üblich, ihn rechts zu tragen. Links gilt er in diesen Ländern als Verlobungsring.

DER FÄCHER

Sicherlich hat der Fächer seinen Ursprung in einem heißen Land – aus dem alten Ägypten sind Darstellungen von Palmwedeln oder von großen Fächern mit Pfauenfedern bekannt, mit denen Bedienstete höher gestellten Personen Luft zufächelten. Entsprechende Fächer gab es, wie vermutlich in allen Ländern des Mittelmeerraumes und Asiens, auch im Rom der Antike.

Handfächer sind in Europa demgegenüber ein junges Phänomen. Sie sind seit der Renaissance nachweisbar: Im Italien des 16. Jahrhunderts fächelten sich die Damen mit einem Federbusch Luft zu oder mit einem Stab, an dem ein festes Stück Stoff wie eine Fahne befestigt war. Vermutlich durch die Handelsbeziehungen mit Ostasien wurde der dort seit vielen Jahrhunderten verwendete Faltfächer Ende des 16. Jahrhunderts in Europa eingeführt. Die ersten europäischen Fächer dieser Art waren grob gearbeitet, doch galten sie bald als Luxusobjekt. Viele adlige Damen ließen sich mit ihnen porträtieren. Der fahnenartige Fächer und der aus Vogelfedern gerieten aus der Mode. In der Folgezeit wurden die Fächer immer aufwendiger bemalt – häufig mit klassischen oder religiösen Szenen, um die Bildung der Besitzerin zu demonstrieren, oder später mit zeitgeschichtlichen Ereignissen wie dem ersten Flug der Montgolfière.

Fächer wurden in Europa bis zum Ersten Weltkrieg verwendet und oft als Kunstwerke gestaltet. Die Welt nach 1918 aber war eine andere, der Fächer wurde seltener. Von wenigen Spezialbetrieben abgesehen, hat sich nur in Spanien eine Fächertradition erhalten. Die meisten in Mitteleuropa käuflichen Fächer stammen heute aus Fernost, wo der Fächer nach wie vor sehr beliebt ist und – wie auch in Spanien – von Frauen und Männern benutzt wird.

DAS KATZENAUGE

Eine der wichtigsten Erfindungen für die Verkehrssicherheit ist das Katzenauge, das von dem englischen Straßenbaumeister Percy Shaw entwickelt wurde. In den 1930er Jahren wurden in England immer mehr Straßenbahngleise entfernt, die in der Dunkelheit das Licht der Autoscheinwerfer reflektiert und den Fahrern als Orientierung gedient hatten. Shaw kehrte in einer stockfinsteren Nacht des Jahres 1933 nach Hause zurück – und vermisste die Straßenbahngleise, was aufgrund der Abgründe, die sich unterhalb der Straßen Yorkshires erstreckten, nicht ungefährlich war. Angeblich retteten die Augen einer Katze, die an der Grenze zum Abgrund saß, Shaw das Leben. Diesem wurde blitzartig klar, dass der Einsatz solcher Reflektoren am Straßenrand doch ziemlich nützlich wäre.

Shaw entwickelte kleine Glaskörper mit einer verspiegelten Rückseite und einer gewölbten Vorderseite, die das Licht in die Richtung zurückwerfen, aus der es kommt, und ließ diese 1934 patentieren. 1935 gründete er in Halifax die Firma Reflecting Roadstuds Ltd, um die Catseyes – so der Markenname für das neue Produkt – herzustellen.

Insbesondere bei den Verdunklungsmaßnahmen des Zweiten Weltkriegs, während derer die Straßenbeleuchtung Großbritanniens komplett ausgeschaltet war, bewährten sich Shaws Katzenaugen. Von Vorteil war vor allem, dass sie nicht selbst leuchteten und das Licht nur zu seiner Quelle zurückwarfen. Nach Kriegsende sorgte das britische Verkehrsministerium dafür, dass diese Reflektoren auf oder an zahlreichen vielbefahrenen und gefährlichen Straßen angebracht wurden, und bald machten Katzenaugen in vielen Formen, Farben und Anbringungsweisen weltweit die Straßen sicherer.

DIE KREDITKARTE

Schon seit Jahrtausenden geben Kaufleute einzelnen Kunden Kredit, doch die Idee, sämtliche Kunden mit einer gewissen Bonität in vielen Geschäften und Dienstleistungsbetrieben durch einen Kurzkredit bezahlen zu lassen, ist relativ neu. Der Terminus *credit card* wurde erstmals von dem Amerikaner Edward Bellamy in seinem Bestseller *Looking Backward* verwendet. Bellamy versetzte 1887 seinen Protagonisten in einen Tiefschlaf und ließ ihn im Jahr 2000 aufwachen – in einer Gesellschaft, in der die Menschen mit Kreditkarten bezahlen.

So lange musste die Menschheit nicht warten. In den USA kamen bereits in den 1920er Jahren Benzinkonzerne auf die Idee, ihren Treibstoff auf Kreditbasis zu verkaufen. Auch die Telegrammfirma Western Union gab seit 1938 *charge cards* an Stammkunden aus, und in der Folgezeit taten dies auch Warenhäuser mit Kundenkreditkarten. Auf die wegweisende Idee, Kreditkarten firmenunabhängig zu gestalten, kam der New Yorker Frank X. McNamara. Dieser konnte die Rechnung eines Essens in einem feinen Restaurant nicht begleichen: Er hatte seine Geldbörse zu Hause vergessen und musste seine Frau telefonisch bitten, ihn auszulösen. McNamara überlegte, wie er sich und anderen ähnliche peinliche Situationen ersparen könnte, und gründete zusammen mit seinem Anwalt und Geschäftspartnern 1949 den »Klub der Dinierenden« – den Diners Club.

Das Prinzip war einfach: Einige Restaurants in New York erklärten sich bereit, den 200 Klubmitgliedern gegen Vorlage des Klubausweises und eine Unterschrift Kredit zu gewähren und die Rechnung an den Diners Club zu senden. Zwar mussten sie einige Prozente der Rechnungssumme an den Klub abführen, doch war die Idee attraktiv, animierte sie die Menschen doch, spontan essen zu gehen. Die Klubmitglieder zahlten lediglich 3 Dollar Jahresbeitrag – mussten jedoch mit den Folgekosten leben.

Schon 1950 waren 42.000 Karten im Umlauf und wurden von 330 Unternehmen akzeptiert; zehn Jahre später war Diners Club ein börsennotiertes Unternehmen. Insbesondere bei Geschäftsreisenden erfreute sich die Kreditkarte bald großer Beliebtheit. Der Erfolg führte dazu, dass sich andere Kreditkarten-Unternehmen gründeten: 1958 baute American Express ein weltweites Netzwerk von Läden und Restaurants auf, die seine Kreditkarten akzeptierten. Aus der im selben Jahr ausgegebenen BankAmericard entwickelte sich die Kreditkarte Visa. MasterCard wurde 1966 von einem Bankenkonsortium gegründet, und ebenfalls 1966 entstand als erste nichtamerikanische Kreditkarte die britische Barclaycard.

Die ersten Kreditkarten waren aus einfachem Karton. Inzwischen findet sich in den Portemonnaies eine PVC-Karte im Scheckkartenformat, die vorne mit einer Hochprägung versehen ist. Diese kann von den einfachen Ritsch-Ratsch-Geräten eingelesen werden, während moderne Kartenlesegeräte auf die Magnetstreifen auf der Kartenrückseite zugreifen oder auch auf den modernen Speicherchip, mit dem schon bald alle Kreditkarten ausgestattet sein werden.

Während Kreditkarten seit Jahrzehnten in Nordamerika und Großbritannien praktisch in jedem Schnellimbiss akzeptiert werden, zogen sie in anderen Ländern nur langsam nach. In Frankreich und Deutschland zum Beispiel entwickelten sich mit der Carte bleue und der EC-Karte Alternativen, und in einigen Ländern ohne zuverlässiges Bankensystem zählt nach wie vor nur Bargeld in einer harten Währung.

DAS KREUZWORTRÄTSEL

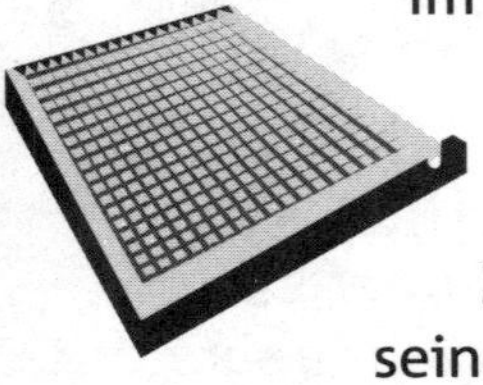

Im Dezember 1913 suchte Arthur Wynne, Redakteur der Sonntagsbeilage der *New York World,* angestrengt nach einem unterhaltsamen Rätsel, mit dem er die Weihnachtsausgabe seiner Zeitung bereichern konnte. Er erinnerte sich an seine Kindheit in England, seinen Großvater und ein Rätsel, das dieser ihm beigebracht hatte: Das »magische Quadrat«. Beim magischen Quadrat mussten vorgegebene Wörter gleicher Länge in ein Kästchenraster einsortiert werden, und man musste sie vorwärts und rückwärts lesen können. Möglicherweise sah Wynne dieses Spiel als für Erwachsene zu einfach an, und er dachte sich für die Zeitungsbeilage vom 21. Dezember eine Verbesserung aus: Schwarze Felder im (rautenförmigen) Raster umschrieben die Begriffe, die geraten und in die weißen Kästchen eingesetzt werden mussten. Die erste Antwort war schon vorgegeben, damit die Leser das Spiel *word-cross* schneller verstanden.

Das bald in *crossword* umbenannte Spiel scheint den Nerv der Leserschaft getroffen zu haben. Andere Zeitungen ahmten es schnell nach, und Mitte der 1920er Jahre standen Kreuzworträtsel-Bücher in den USA auf den Bestseller-Listen – vermutlich zusammen mit Wörterbüchern, die sich nach Auskunft der Buchhändler seit Aufkommen des neuen Rätsels viel besser verkauften. Anfang der 1920er Jahre gelangte das Kreuzworträtsel auch nach Europa, und erstmals in Deutschland druckte es wohl im Jahr 1925 die *Berliner Illustrierte.* Heute gibt es Kreuzworträtsel, die sowohl dem Entwerfer als auch dem Lösenden eine gehörige Portion Gehirnschmalz abverlangen. Kultstatus haben in Deutschland das *Zeit*-Rätsel »Um die Ecke gedacht« und in Großbritannien das *Times Crossword.*

DIE LEGOSTEINE

1932 gründete Ole Kirk Christiansen im dänischen Billund eine Firma, die neben Haushaltswaren auch Holzspielzeug herstellte und ab 1934 den Namen Lego trug – nach den dänischen Wörtern *leg godt* – spiel gut.

Als nach dem Zweiten Weltkrieg Plastik populär wurde, kaufte Christiansen eine Spritzgussmaschine und stellte Bausteine aus Celluloseacetat her, denen er 1949 Noppen aufsetzte. Der Erfolg stellte sich ein, als Christiansens Sohn Godtfred auf einer Spielzeugmesse angeregt wurde, ein Baukastensystem zu entwickeln, in dem die Steine sämtlicher Produktserien kombiniert werden können und vor allem jeder Stein mit dem anderen solide verbunden ist. Er fügte den Noppen Röhren in den Plastiksteinen hinzu. Diese Noppen-Röhren-Verbindung machte die Legosteine zu einem außergewöhnlich stabilen Bausteinsystem, das sich Christiansen 1958 patentieren ließ.

Seit 1960 produziert die Firma ausschließlich Plastikbausteine. Mit diesen Steinen kann man Häuser und Autos bauen, und da die Bauwerke immer raffinierter werden, benötigt man ständig noch mehr Legosteine. Die Firma Lego erweiterte das Grundsortiment aus Platten, Steinen, Fenstern und Dachziegeln zunächst durch Reifen und Figuren, 1966 durch elektrische Eisenbahnen und 1967 durch die Serie Duplo für Kleinkinder – dies ist nur der Anfang einer unerschöpflichen Produktpalette, deren Steine sich alle kombinieren lassen.

Es soll Menschen geben, die behaupten, nur ein Kind in die Welt gesetzt zu haben, um wieder mit Legosteinen spielen zu dürfen ... Wie dem auch sei: Inzwischen gibt es zahlreiche AFOLs (Adult Fans of Lego), die sich zu den bunten Plastikbauklötzchen bekennen.

DER REGENSCHIRM

Der Schirm scheint nicht in einem Land erfunden worden zu sein, in dem es viel regnet – was auf den einfachen Grund zurückzuführen ist, dass er lange Zeit kein Regenschutz war, sondern (etwa im Zweistromland und Persien der Antike) ein Hoheitszeichen, das über den Kopf eines Souveräns gehalten wurde. Auch Götter wurden mit Schirmen dargestellt. Später verwandten die griechischen Frauen Schirme als Sonnenschutz, und im alten Rom waren es auch in erster Linie die Frauen, die Sonnenschirme aus Leder trugen. Doch es gibt auch Berichte, nach denen bei einem plötzlichen Wolkenbruch in der Arena Hunderte von Schirmen auftauchten. Die männlichen Römer haben hoffentlich bei ihren Frauen Unterschlupf gefunden – Schirme galten im alten Rom als ausgesprochen unmännlich.

Hinweise auf zusammenklappbare Schirme finden sich auch kurz vor der Zeitenwende in China, doch waren sie dort wahrscheinlich schon wesentlich länger in Gebrauch. Auch die chinesischen Schirme aus Bambusholz und geöltem Papier oder Seide dienten zeremoniellen Zwecken und als Sonnenschutz, und – glaubt man einigen Quellen – vereinzelt auch als Regenschirme.

Aus dem europäischen Mittelalter fehlen schriftliche oder bildliche Hinweise auf Schirme. Erst Mitte des 17. Jahrhunderts wurde in England und Frankreich der Sonnenschirm populär, der, wie zahlreiche Bildquellen verraten, in seiner chinesischen Form über die Seidenstraße langsam in den Westen gelangt war. John Kerseys *Dictionarium Anglo-Britannicum or a General English Dictionary* beschreibt im Jahr 1708 den Schirm erstmals als »Schutz, der häufig von Frauen gegen den Regen verwendet wird« – und dass diese Worte von einem Engländer stammen, ist vermutlich kein Zufall. Neben Frankreich wurde England in den kommenden Jahr-

hunderten schirmtechnisch führend. Allerdings hatte der Schirm auf den britischen Inseln zunächst Schwierigkeiten, sich durchzusetzen – die Männer zumindest ließen sich lieber nassregnen. Noch um 1750 fragten sich Stimmen, warum in England der Schirm nicht wie in Frankreich allgemein als Sonnen- und Regenschutz verwendet würde. Dass sich der Regenschirm auch in der Herrenwelt durchsetzte, ist tapferen Männern wie dem Kaufmann und Philantrophen Jonas Hanway zu verdanken, der sich lieber dem Spott als dem Regen aussetzte und 30 Jahre lang bis zu seinem Tod 1786 das Haus nicht ohne Regenschirm verließ.

Verbesserte Regenschirme ließen, in England und in Frankreich, nicht lange auf sich warten: Die schwere, geölte Seide wurde durch Seide und Baumwolle ersetzt, wodurch auch Schirmstock und -stangen weniger massiv ausfallen mussten. Auch wurde die Aufklappmechanik bald verbessert. 1852 entwickelte der britische Unternehmer Samuel Fox stabile Schirmgestänge aus Metall – angeblich, um eine Charge Korsettstangen aufzubrauchen, für die er keine Verwendung mehr hatte.

Der erste funktionstüchtige teleskopierbare Kompaktschirm wurde 1928 von dem Berliner Hans Haupt konstruiert. Haupt suchte lange nach einem Unternehmer, der den praktischen Schirm auch herstellen wollte. Schließlich traf er den Solinger Fabrikanten Fritz Bremshey, der an den Knirps glaubte und die Schirmgeschichte um einen der heute meistverkauften Schirmtypen bereicherte.

DER ROLLSCHUH

Die erste Rollschuhfahrt endete ebenso schmerzhaft wie spektakulär: Der belgische Instrumentenbauer und Erfinder Jean-Joseph Merlin konstruierte 1759 eine Art Schlittschuhe auf zwei Rollen, auf denen er bei einem Maskenball umherfuhr – und gleichzeitig Geige spielte! Da Merlin nicht bremsen konnte, landete er samt Geige in einem Spiegel ...

1819 wurde in Frankreich das erste Paar Rollschuhe patentiert, dessen Rollen jedoch, wie bei Merlins Rollschuhen auch, in einer Reihe hintereinander lagen, sodass man praktisch nur gerade Linien fahren konnte. Auch weitere deutsche und britische Rollschuh-Entwicklungen der folgenden Jahrzehnte hatten dieses Manko.

1863 wurde dem Amerikaner James Leonard Plimpton ein Patent für ein wirklich innovatives Paar Rollschuhe erteilt. Diese wiesen hinten und vorne jeweils zwei Rollen auf, was den unbestreitbaren Vorteil hatte, dass man mit ihnen Kurven fahren und die Geschwindigkeit verringern konnte. Das Umherkurven wurde auch durch ein kleines Gummielement oberhalb der Räder erleichtert, auf das der Rollschuhfahrer sein Gewicht verlagern konnte, um die Kurve enger zu fahren. Plimptons Rollschuhe waren äußerst erfolgreich, und schon drei Jahre später öffnete in Newport im US-Bundesstaat Rhode Island die erste Rollschuhbahn. Plimpton war Miteigentümer.

Im Jahr 1869 entwickelte A. J. Gibson aus Cincinnati, Ohio, ein weiteres Rollschuhmodell, bei dem sich die Räder durch runde Scheiben unterhalb der »Sohle« des Rollschuhs drehten. 1876 wurde erstmals ein Rollschuh mit einem vorderen Bremsklotz konstruiert, und in den 1880er Jahren wurden die Rollschuhe mit

Kugellagern versehen. Durch diese Verfeinerungen waren die schnellen Schuhe immer wendiger geworden – und sie wurden immer populärer. Rollschuhbahnen eröffneten, und der Rollschuh-Kunstlauf entwickelte sich zu einer eigenen Sportart.

1979 kamen die Gebrüder Olson aus Minneapolis auf die Idee, zur reihenförmigen Rollenanordnung früherer Rollschuhmodelle zurückzukehren: Als Trainingsrollschuhe für Eishockeyspieler, die auch außerhalb des Eisstadions trainieren sollten, entwickelten sie die Inline-Skates. Scott und Brennan Olson gründete die Firma Rollerblade, und nur wenige Jahre später konnten die Skates auch von Nicht-Eishockeyspielern käuflich erworben werden.

Inline-Skates weisen vier oder fünf Rollen auf und haben wie Schlittschuhe einen eigenen festen Schuh, in dessen Sohle die Rollen verankert sind. Das Bremsen ist nach wie vor durch einen hinteren Bremsklotz möglich. Mit Inline-Skates kann man zwar nicht so gut Kurven fahren, doch ist man auf ihnen ungewöhnlich schnell – so schnell, dass sich auf jeden Fall das Tragen von Knie- und Ellbogenschützern und eines Helms empfiehlt. Heute sind Inline-Skates populärer als die herkömmlichen Rollschuhe. Man sieht sie häufig auf ebenen asphaltierten Wegen (manchmal schieben ihre Fahrer einen Kinderwagen vor sich her oder führen ihren Hund aus), und gelegentlich dienen sie auf Radwegen auch als innerstädtisches Fortbewegungsmittel.

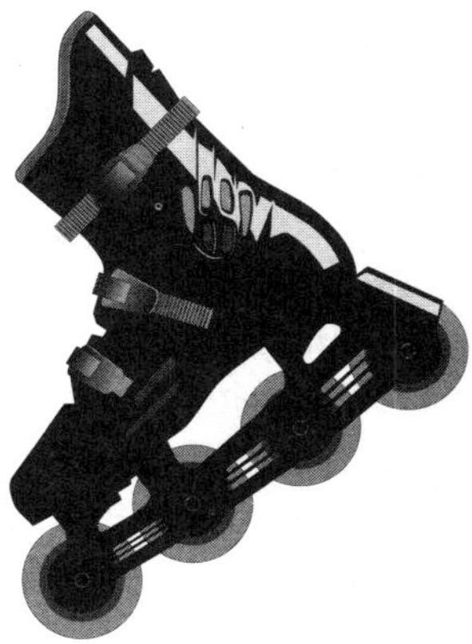

DER SCHLAFSACK

Der isländischen Sage nach hat die Schwester des isländischen Amerika-Entdeckers Leif Eriksson, Freydís Eiríksdóttir, um das Jahr 1000 den Schlafsack erfunden, indem sie sich nachts in ein Segel wickelte. Leider verlieren sich die Spuren dieses mittelalterlichen Schlafsacks im Dunkel der Legende.

Der heute bei Globetrottern, Alpinisten und Campingfreunden gleichermaßen beliebte Schlafsack ist ein Produkt des 19. Jahrhunderts, dem Goldenen Zeitalter der Polarforschung und des Alpinismus. Damals experimentierten viele Forscher und Bergsteiger mit selbstentworfenen Schlafsäcken, man arbeitete zusammen und tauschte in Institutionen wie dem Alpine Club oder der Royal Geographic Society seine Schlafsack-Erfahrungen aus. Bekannt ist, dass der berühmte englische Alpinist Francis Fox Tuckett, der nicht weniger als 269 Alpengipfel bestieg, 1861 einen der ersten Schlafsäcke herstellen ließ und ausprobierte. Dieser Schlafsack war rechteckig, hatte eine Kapuze und ließ sich durch Knöpfe verschließen. Außerdem hatte er eine Unterseite aus gummiertem Stoff – wodurch sich Tuckett durch die von Polarforschern seit etwa 1820 verwendeten Luftmatratzen aus Gummi hatte anregen lassen. Leider musste Tuckett erkennen, dass es zu den wichtigsten Eigenschaften eines Schlafsacks gehört, atmungsaktiv zu sein. Weitere frühe Schlafsacktypen waren mit einer Isolationsschicht aus Kamelhaar oder der auch als Pflanzendaune bezeichneten Kapokfaser gefüllt. Daunenfedern wurden erstmals von dem – 1895 am Nanga Parbat verschollenen – Alpinisten Alfred Mummery und den Teilnehmern seiner Expeditionen verwendet. Lange Zeit wurden auch in Säcken aus Rentierfellen geschlafen.

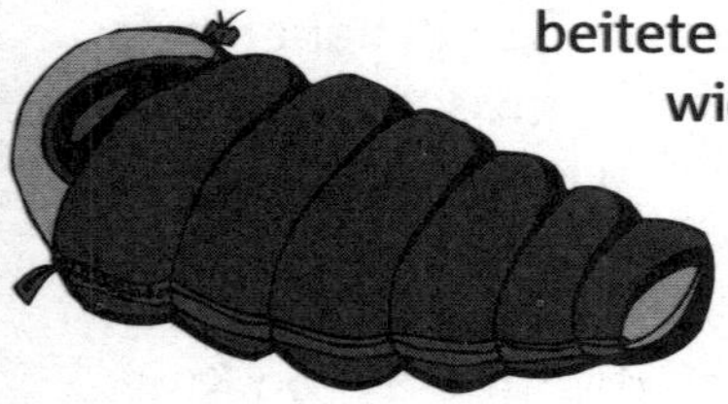

All diese frühen Schlafsäcke waren jedoch Sonderanfertigungen. Erst 1890 begann der norwegische Hersteller von Isoliermaterial Fuglesang's Mechanisk Wattefabrik (der sich 1931 nach dem Inuit-Wort für »warm« und »alles in Ordnung« in Ajungilak umbenannte), Schlafsäcke kommerziell, wenn auch zuerst einmal nicht für jedermann herzustellen – die heute noch existente, aber inzwischen in Schweizer Besitz übergegangene Firma kann sicherlich als erster Schlafsackproduzent gelten. Die ersten Fuglesang-Schlafsäcke wurden auf Anregung des Polarforschers Fridjof Nansen, der für seine Expeditionen mit Fuglesang zusammenarbeitete, mit Kapok gefüllt. Auch Roald Amundsen, der Entdecker des Südpols, schlief in Fuglesang-Schlafsäcken.

Als in den 1920er Jahren das Wandern und Campen immer beliebter wurde, wurden auch für diese Zwecke einfachere und preiswertere Schlafsäcke angeboten, doch für die wirklichen Gipfelstürmer wurden nach wie vor Spezialanfertigungen genäht. Auch der eng am Körper anliegende Mumienschlafsack wurde in dieser Zeit entwickelt. Seit den 1960er Jahren werden verstärkt Kunstfasern für Schlafsäcke eingesetzt, die einerseits den Schlafsack preiswert machen, andererseits gegenüber der eigentlich wärmeren Daune den Vorzug haben, dass selbst ein durchnässter Schlafsack noch eine gewisse Wärme bietet. Auch wurden dichte synthetische Obermaterialien für Daunenschlafsäcke wie Pertex oder Goretex entwickelt, die endlich gewährleisteten, dass Bergsteiger und andere Schlafsackbenutzer nach dem Aufstehen nicht über und über mit Federn übersät waren.

Heute sind Schlafsäcke aller Wärmegrade und Formen erhältlich – zu den jüngsten Entwicklungen gehören Damen-Schlafsäcke, die sich in ein warmes Kleidungsstück umwandeln lassen, und solche, die mit einer Fußheizung ausgestattet sind. Freydís Eiríksdóttir hätte daran ihre Freude gehabt.

DER SCHLITTSCHUH

Als sicher kann gelten, dass der Schlittschuh erstmals in einer Region verwendet wurde, in der Seen und Flüsse zufrieren. Allerdings ist kaum zu ermitteln, wann dies geschah: Archäologische Funde kufenförmig zurechtgefeilter Tierknochen in Skandinavien, Frankreich, der Schweiz und der Slowakei lassen darauf schließen, dass dieses Fortbewegungsmittel vor Tausenden von Jahren an mehreren Orten unabhängig voneinander »erfunden« wurde. Befestigt wurden diese Knochen durch Lederriemen an den Schuhen. Im Mittelalter werden Schlittschuhe in mehreren Schriftquellen erwähnt, darunter in der altisländischen *Edda* aus dem 13. Jahrhundert. Knochenschlittschuhe waren bis ins 18. Jahrhundert gebräuchlich.

Etwa im 14. Jahrhundert fertigte man in den Niederlanden und weiteren Ländern Nordeuropas auch Schlittschuhe aus Holz und Eisen an: Ein schmales Holzbrett erhielt auf der Unterseite einen Kufen aus Eisen. Auch Schlittschuhstöcke kamen hinzu – sie wurden offenbar dringend benötigt, um mit den relativ groben Schlittschuhen nicht auf dem Eis umzufallen. Doch nach der Einführung einer Kufe mit zwei Kanten im 15. Jahrhundert konnte man auf die Stöcke verzichten.

Das relativ kalte 17. Jahrhundert wird häufig als »kleine Eiszeit« bezeichnet. Damals wurden Schlittschuhe bei Arm und Reich populär, wie zahlreiche Bilder belegen. Dementsprechend wurden die Schlittschuhmodelle raffinierter: Kupferstiche aus der damaligen Zeit zeigen windschnittigere und elegantere Schlittschuhe – ihre Spitze bog sich häufig stark nach oben, und es etablierten sich zwei Lederriemen, mit denen der Schlittschuh im Zehen- und im Fersenbereich des Fußes befestigt wurde (ältere Darstellungen zeigen Lederriemen, die sich wie ein langer Schnürsenkel vielfach über dem Fuß kreuzen).

Im 18. Jahrhundert wurde das Schlittschuhlaufen weltweit zu einem Volkssport und auch zu einer Tätigkeit, bei der man gerne zusah: Das erste Schaulaufen wurde 1763 in London veranstaltet. Bereits 1722 war in Edinburgh unter dem Titel *A Treatise on Skating* ein erstes Lehrbuch erschienen. Und als im 19. Jahrhundert mit der Erkenntnis, dass Bewegung gesund ist, das Interesse am Sport immer größer wurde, entstanden erste Eisbahnen (sobald die 1845 von dem Amerikaner John Gorrie erfundene Kältemaschine ausgereift war, auch künstliche). Der Schlittschuh machte in dieser Zeit weitere Fortschritte: 1865 konstruierte der amerikanische Eiskunstläufer Jackson Haines Schlittschuhkufen, die ganz aus Metall bestanden und in der Schuhsohle verankert wurden. Auf diesen Typus gehen noch die heutigen Schlittschuhe zurück.

Während man in Skandinavien mit Schlittschuhen eher Wegstrecken auf dem Eis zurücklegte und einen athletischen Laufstil pflegte, wurden in Wien die Grundlagen für den Eiskunstlauf gelegt: Dort tanzte man Walzer und Mazurka auf Schlittschuhen, was wiederum international beliebt wurde, und ab 1892 gab es die ersten Eiskunstlauf-Wettbewerbe. Damals wurden auch viele der noch heute bekannten Sprünge entwickelt: In den Jahren 1882 bis 1910 wurden der erste Axel, der erste Salchow, der erste Lutz und der erste Rittberger gesprungen – von dem Norweger Axel Paulsen, dem Schweden Ulrich Salchow, Alois Lutz aus Österreich und Werner Rittberger aus Deutschland.

SPIELKARTEN

Damit die ersten Spielkarten entstehen konnten, musste das Papier erfunden sein. Dies geschah bekanntermaßen lange vor der Zeitenwende in China, und aus Ostasien stammen auch die ersten Nachrichten über Spielkarten. Wie das Papier gelangten die Spielkarten über den Orient nach Europa – entweder wurden die ersten Karten importiert oder Reisende lernten die im arabischen Raum beliebten Kartenspiele dort kennen.

Im 14. Jahrhundert werden solche in Schriften mitteleuropäischer Herkunft erwähnt, meistens jedoch als Werk des Teufels oder zumindest als höchst bedenklich bezeichnet: Schon damals wurde um Geld gespielt, und da die oft ruinösen Glücksspiele überhandnahmen, reagierte die Obrigkeit mit Verboten (später profitierte sie lieber durch eine Spielkartensteuer). In Nürnberg, Augsburg, Straßburg und Wien gab es bereits im 15. Jahrhundert das Gewerbe der Kartenmacher, die Kartenspiele auch ins Ausland exportierten. In Nürnberg und in Italien landeten Kartenspiele in der zweiten Hälfte des 15. Jahrhunderts unter dem Einfluss von radikalen Mönche wie Savonarola gelegentlich auf dem Scheiterhaufen, unterlagen im Laufe der Zeit jedoch immer weniger Verboten.

Im 15. Jahrhundert verbreiteten sich Spielkarten mit der Holzschnitttechnik. Eines der ältesten erhaltenen Spiele dieser Zeit ist das wohl an einem Fürstenhof entstandene Hofämterspiel. Zur selben Zeit entwickelte sich an den oberitalienischen Höfen das

Tarock. Diesem lagen die Trionfi-Karten zugrunde (die als Trümpfe dienende Karten enthielten), aus denen das deutsche Wort Trumpf abgeleitet wurde. Die Werte der Spielkarten waren bereits im 14. Jahrhundert bekannt – eine Farbe besteht aus zehn Zahlenkarten und drei Hofkarten. Wenig später entwickelten sich auch die Kartenfarben, das italienische oder spanische Blatt mit Kelchen, Münzen, Schwertern und Stäben und das deutsche mit Blatt, Eicheln, Herz und Schellen. Das französische Blatt mit Karo, Herz, Treff/Kreuz und Pik setzte sich durch, als Lyon sich um 1500 als exportorientierte Kartenspielmetropole etablierte. Deutsche Spielkartenstädte waren vor dem Zweiten Weltkrieg Altenburg und Stralsund, nach dem Krieg das schwäbische Unteraichen.

Kartenspiele sind Moden unterworfen, und im Gegensatz zu den Spielkarten selbst sind die heute bekannten Kartenspiele relativ neu: Das älteste hiervon ist vermutlich Sechsundsechzig, für das sich unter dem Namen Mariage bereits eine Beschreibung im *Frauenzimmer-Lexicon* von 1715 findet. Erste Schafkopf-Versionen entstanden wohl Ende des 18. Jahrhunderts, und aus dem Schafkopf entstanden die beiden in Deutschland heute wohl beliebtesten Spiele: Um 1820 wurde in Altenburg das Skat erfunden, Doppelkopf stammt wahrscheinlich vom Ende des 19. Jahrhunderts. In den 1930er Jahren wurde Mau-Mau beliebt, auf dem viele moderne Spiele mit eigenen Karten basieren (darunter das 1971 von dem Amerikaner Merle Robbins erfundene UNO). Aus Mexiko stammt das wohl um 1890 entstandene Conquian, aus dem sich die Rommé-Spiele entwickelten. Canasta wurde im Jahr 1939 in Montevideo erfunden und gelangte über Argentinien und die USA nach Europa, wo es in den 1950er Jahren das meistgespielte Kartenspiel war – neben Bridge, das sich in den 1880er Jahren aus dem englischen Whist des 18./19. Jahrhunderts entwickelte und in den 1930er Jahren auf der ganzen Welt Beliebtheit erlangte.

DER STACHELDRAHT

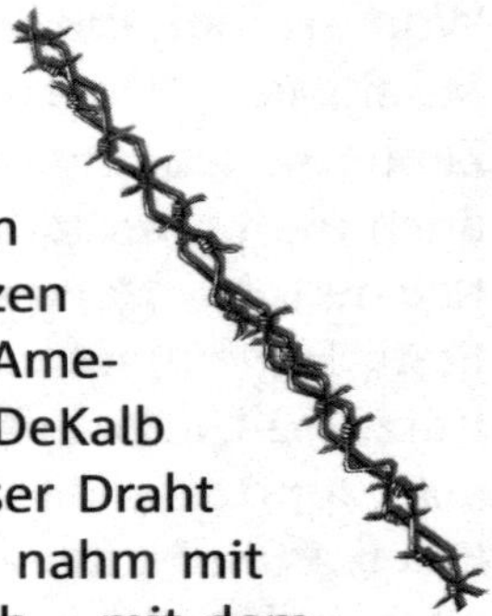

Keine schöne Erfindung, so möchte man meinen, doch eine, die zu unserer Realität gehört. Entwickelt hat den Stacheldraht – bei dem mehrere ineinander verdrehte Drähte in kurzen Abständen mit stacheligen Drahtspitzen bestückt sind – Anfang der 1870er Jahre der Amerikaner Joseph Glidden aus dem kleinen Ort DeKalb in Illinois. In Sachen Zauntechnik stellte dieser Draht einen beträchtlichen Fortschritt dar. Glidden nahm mit seinem ehemaligen Konkurrenten Jacob Haish – mit dem er sich später über das 1873 erteilte Stacheldraht-Patent stritt – die Produktion auf und konnte schon bald riesige Mengen an Stacheldraht verkaufen. Die amerikanische Landwirtschaft wurde auf diese Weise revolutioniert – konnten die Farmer doch nun das Vieh von den Feldfrüchten fernhalten. In Texas allerdings kam es mit der Einführung des Stacheldrahts zu gewalttätigen Auseinandersetzungen zwischen Ranchern und Farmern (den Fence Cutting Wars): Erstere wollten ihr Vieh frei weiden lassen, Letztere ihre Felder einzäunen. In den 1890er Jahren wurden im »Wilden Westen« zahlreiche Cowboys arbeitslos, weil die Rinderherden nun preiswert anderweitig im Zaum gehalten werden konnten.

Bald wurde der Stacheldraht auch als Kriegswaffe eingesetzt, was erstmals im Spanisch-Amerikanischen Krieg von 1898 geschah. Im Ersten Weltkrieg kamen zahllose Soldaten ums Leben, die, von Stacheldrahtverhauen aufgehalten, dem Feuer der Maschinengewehre ausgesetzt waren. Heute wird Stacheldraht im zivilen wie auch im militärischen Bereich häufig eingesetzt. Um Unfällen vorzubeugen, hat man die meisten Viehweiden jedoch mit elektrischen Weidezäunen umgeben.

DAS TASCHENMESSER

Das Taschenmesser hat sich vermutlich aus dem Federmesser entwickelt, das früher zum Anspitzen von Schreibfedern benötigt wurde und dann auch in einer Klappversion existierte. Diese Herkunft ist noch im englischen Wort *penknife* abzulesen. Doch sind die in jeder Hosentasche zu verstauenden Klappmesser auch für andere Aufgaben nützlich, und mit dem Aufkommen industrieller Metallbearbeitungsmethoden wurden sie im 19. Jahrhundert populär.

Das berühmte Schweizer Armeemesser wurde erstmals 1886 an die Soldaten der Schweizer Armee ausgegeben – eine Metallklinge, die in einem Holzgriff untergebracht wurde. Und da die Schweizer Armee 1889 ein Gewehr einführte, das nur mithilfe eines Schraubenziehers auseinandergenommen werden konnte, fügte man dem Armeemesser den Schraubenzieher und gleich auch eine Ahle und einen Dosenöffner hinzu. Dieses Messer wurde bis 1891 im deutschen Solingen hergestellt – dann gründete Carl Elsener den Schweizer Messerschmiedeverband, und das Schweizer Armeemesser wurde zum original Schweizer Produkt. Elsener entwickelte ein raffiniertes System, das es erlaubte, übereinander zahlreiche Instrumente im Griff des Taschenmessers unterzubringen. 1897 ließ er das aufwendigere Schweizer Offiziersmesser patentieren, das neben einer zweiten Klinge auch einen Korkenzieher aufwies.

Heute enthalten Taschenmesser – ob sie Schweizer Armeemesser sind, die noch heute von Victorinox und Wenger hergestellt werden, oder von anderen Produzenten wie Leatherman oder Gerber stammen – häufig eine Vielzahl von mehr oder weniger nützlichen Instrumenten. DIe Palette reicht von der Schere über den Zahnstocher bis zum USB-Stick.

DAS VERKEHRSSCHILD

Es waren die Römer, die überall im Imperium Romanum Meilensteine mit den Distanzen zu den nächsten Orten aufstellten, und natürlich sollten die Legionäre auch wissen, wie weit es von Germania oder Lusitania aus nach Rom war. Seit dem Mittelalter wurden an Kreuzungen Straßenschilder installiert, die den Reisenden in die richtige Richtung wiesen.

Warn- oder Verbotsschilder gab es lange nicht. Erst 1884 sorgte der britische Cyclists Touring Club dafür, dass die Radfahrer vor Straßen mit starkem Gefälle durch ein Verkehrszeichen gewarnt wurden – die Bremsen der damaligen Fahrräder waren nicht die besten. Doch auch wenn es zwischen Radfahrern und anderen Verkehrsteilnehmern schon den einen oder anderen Konflikt gab, wurden Verkehrszeichen erst mit der Ankunft des Automobils ein Muss. Erste Vorschläge machte 1895 der Touring Club Italiano, 1900 fand in Paris ein entsprechender Kongress der europäischen Touring Clubs statt. 1908 wurde in Rom der Internationale Straßenkongress veranstaltet, und 1909 kamen neun europäische Staaten überein, vier Verkehrszeichen einzuführen, die auf Kurven, Kreuzungen, Straßenunebenheiten und Eisenbahnübergänge hinwiesen. In den folgenden Jahrzehnten entwickelte man das internationale Verkehrszeichensystem weiter, unabhängig von dem der USA, das sich seit den 1960er Jahren jedoch anpasst. 1968 wurde das (1978 in Kraft getretene) Wiener Übereinkommen über Straßenverkehrszeichen verabschiedet, das Verkehrszeichen und Straßenmarkierungen vereinheitlichte und die sprachenunabhängigen Piktogramme vorsah. Heute erfreuen sich Verkehrsschilder einer solchen Beliebtheit, dass es mancherorts erforderlich ist, den Schilderwald zu lichten.

DIE ZIGARETTE

Der erste namentlich bekannte Raucher der Geschichte hieß Rodrigo de Jerez. Er hatte Columbus in die Neue Welt begleitet und 1492 Indianer beobachtet, die »aus einem Gewehrlauf aus Papier Rauch tranken«. Das Papier waren Maisblätter, der Rauch stammte von der Tabakpflanze. De Jerez beließ es nicht beim Passivrauchen und kehrte als erster namentlich bekannter Nikotinabhängiger mit einem Tabakvorrat im Gepäck nach Spanien zurück. Dort nahm ihn die Inquisition fest, weil er seine Nachbarn durch das Rauchen in Angst und Schrecken versetzt hatte.

Seit Ende des 16. Jahrhunderts verbreitete sich der Tabakkonsum in Europa. Der französische Gesandte am portugiesischen Königshof, Jean Nicot, brachte Tabakblätter und -samen nach Frankreich mit. Die feingeschnittenen oder pulverisierten Blätter wurden sowohl geraucht als auch geschnupft. Zur Verbreitung des Schnupftabaks trug – vom Suchtpotential einmal abgesehen – die französische Königin Katharina de Medici bei, die den Schnupftabak gegen ihre Migräneanfälle einnahm.

Als Rauchware breitete sich der Tabak über England und die Niederlande und insbesondere durch die im Dreißigjährigen Krieg kämpfenden Soldaten in Europa aus, doch wurde er lange Zeit in Zigarren oder Pfeifen geraucht. Erst im 18. Jahrhundert wickelten die Arbeiterinnen der südspanischen Zigarrenfabriken Tabakabfälle in Papier und rauchten sie. Diese *papelitos* gelangten aus Spanien nach Frankreich, wo sie als »kleine Zigarre«, als *cigarette,* bezeichnet wurden. In den 1840er und 1850er Jahren eröffneten zahlreiche Zigarettenfabriken. 1854 stellte Wilhelm Quester im Kölner Stadtteil Sülz die ersten Maschinen her, mit denen Tabak geschnitten, getrocknet und geröstet werden konnte; 1862 wurde in Dresden die erste deutsche Zigarettenfabrik gegründet, die Orientalische Tabak- und Cigarettenfabrik Yenidze. Alsbald wurde die Zigarette immer beliebter und zum Statussymbol – wies man sich mit ihr doch als elegant und weltgewandt aus. Als schnell zu konsumierendes Rauchwerk verdrängte sie in den 1920er Jahren die Pfeife vom Markt.

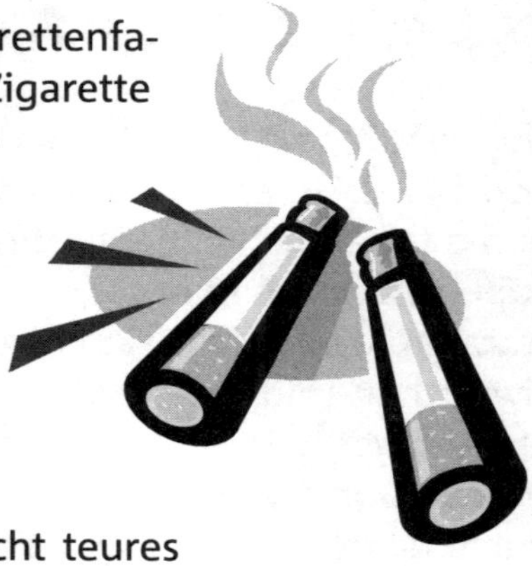

Lange Zeit waren Zigaretten ein recht teures Produkt, da sie per Hand gerollt werden mussten. James Bonsack aus dem US-Bundesstaat Virginia erfand um das Jahr 1880 jedoch eine Maschine, die pro Minute nicht weniger als 200 Zigaretten rollen konnte. Diese setzte sich in den USA bald durch, und nach dem Ersten Weltkrieg entstanden dort die großen Tabakkonzerne. In Europa wurden die meisten Zigaretten bis in die 1950er Jahre in häufig kleinen Betrieben per Hand gerollt. Nach dem Zweiten Weltkrieg war die Zigarette im kriegszerstörten Deutschland eine Zweitwährung.

Auf die gesundheitlichen Gefahren des Rauchens wurde Anfang des 20. Jahrhunderts erstmals hingewiesen, die ersten umfangreichen klinischen Studien wurden in den 1950er Jahren durchgeführt. Gegen den erbitterten Widerstand der Zigarettenindustrie hat sich die Erkenntnis durchgesetzt, dass sowohl das aktive als auch das Passivrauchen Lungenkrebs, Herz-Kreislauf-Erkrankungen und zahlreiche weitere Krankheiten verursacht. Mit der sinkenden gesellschaftlichen Anerkennung der Zigarette und der Verbesserung des Nichtraucherschutzes verringert sich der Zigarettenkonsum in den Industrieländern, in den Entwicklungsländern steigt er jedoch.